PROPULSEURS HÉLIÇOIDES

OBSERVATIONS

ET

ANALYSE COMPARATIVE

POUR

M. P.-F^ois GUÉBHARD

CONTRE

MM. SCHNEIDER ET Cie

PAR

M. A. FAURE

INGÉNIEUR CIVIL

PARIS

IMPRIMERIE CLAYE ET TAILLEFER

RUE SAINT-BENOÎT, 7

—

1848

PROPULSEURS HÉLIÇOÏDES

OBSERVATIONS

POUR

M. P.-F. GUÉBHARD

PROPULSEURS HÉLIÇOÏDES

OBSERVATIONS

ET

ANALYSE COMPARATIVE

POUR

M. P.-F^{ois}. GUÉBHARD

CONTRE

MM. SCHNEIDER ET Cie

PAR

M. A. FAURE
INGÉNIEUR CIVIL

PARIS
IMPRIMERIE CLAYE ET TAILLEFER
RUE SAINT-BENOÎT, 7

1848

PROPULSEURS HÉLIÇOÏDES.

OBSERVATIONS ET ANALYSE COMPARATIVE

POUR

M. P. F. GUÉBHARD.

A Messieurs FOURNEYRON, de SAULCY et MONTFORT.

Messieurs,

Les questions soumises à votre examen ont un intérêt et une gravité qu'il serait superflu d'indiquer sans doute; mais au moins qu'il nous soit permis d'exprimer, dès le début de ces Observations, le sentiment de haute confiance et d'estime profonde qui nous a guidés et soutenus, dès le jour où nous avons su les noms des hommes auxquels le tribunal a confié cet examen.

Ceci donc est une grave et loyale affaire portée devant des hommes éminemment compétents.

Dire cela avec conviction, c'est dire en même temps que nous voulons conserver au débat la convenance la plus complète, décidés à nous efforcer toujours de maintenir notre argumentation à la hauteur de ce qui nous semblera le bon droit et l'équité, sans jamais appeler à notre secours les ressources plus ou moins équivoques des discussions de mots. Des faits, des figures, seront nos seules armes. Pourquoi ne le dirions-nous pas, en effet, certains que vous n'imputerez pas à une fausse présomption ce qui est le résultat d'une juste confiance: nous nous croyons forts assez pour combattre à découvert.

Essayons d'abord d'esquisser en quelques paroles la physionomie du procès soumis à vos appréciations.

D'un côté vous voyez des hommes de courage et d'ardeur persévérante, MM. *Guébhard*, *de Rosen* et *Holm*, représentés par M. Guébhard, qui ont poursuivi dix années durant, par leurs veilles, par leurs soins, par une activité incessante, la vulgarisation en France d'un système de propulsion des navires, destiné, dans leur conviction, à assurer à la nation qui l'aura su accueillir et multiplier, une marine puissante. A ce système, dont le mérite est attesté par des expériences nombreuses, complètes*, ils ont consacré en France un capital de 500,000 fr. au moins, valeur sinon morte aujourd'hui, du moins bien réduite; ainsi qu'il arrive toujours à ceux qu'une foi puissante pousse à aborder la voie des expériences, si longues, si pénibles, si coûteuses qu'elles soient.

Pour forcer l'adoption du système, pour donner enfin confiance à ceux-là même qui bientôt devaient passer du doute à la contrefaçon patente, ils ont hardiment accepté des risques qui dépassaient 600,000 fr.

En somme donc, ils n'ont pas craint de confier à l'avenir de leurs idées un capital qui dépasse 1,100,000 fr.

Cela résulte, Messieurs, d'un état qui sera mis sous vos yeux, avec preuves à l'appui.

De l'autre côté, vous rencontrerez nos adversaires, MM. Schneider et Ce, constructeurs habiles, hâtons-nous de le proclamer, renommés déjà pour leurs essais hardis et leurs succès sur le Rhône, non moins que pour les belles et puissantes machines dont ils ont enrichi la marine française, mais qui néanmoins n'ont encore construit qu'un seul propulseur héliçoïde, celui du navire *le Comte d'Eu*. On voulait que le coup d'essai fût un coup de maître; soit! Mais fallait-il alors, par un emprunt et une contrefaçon, que nous espérons vous faire toucher du doigt, se dispenser des longs et pénibles labeurs auxquels nous avions consacré les années et le capital que nous avons dits.

Que si ces premiers rapprochements s'élèvent, par le débat, à la hauteur d'une démonstration, vous comprendrez comment et pourquoi les propriétaires légitimes d'une idée qu'ils avaient su, au prix de tant de sacrifices, faire passer à l'état d'appareil fonctionnant,

* Aux États-Unis, la marine de l'État et la marine du commerce comptent, à cette heure, au delà de *quatre-vingt-dix navires* tenant la mer, et propulsés par le système Ericsson.

En France, MM. Guébhard, de Rosen et Holm ont construit :

De 1838 à 1840, deux bateaux d'essai et un remorqueur modèle;

De 1841 à 1843, un paquebot pour la navigation intérieure. Il a depuis parcouru presque tous les canaux de la France.

En 1842, M. de Rosen, en participation avec M. Pauwels, si nous ne nous trompons, a construit le paquebot *la Bretagne*, destiné à un service régulier, entre le Hâvre et Saint-Malo. Ce steamer, bien que ses machines soient trop faibles, s'est toujours remarquablement comporté dans ces parages difficiles.

En 1843 M. Guébhard a signé avec l'administration de la marine royale, un marché pour la construction des machines et du propulseur de la corvette *la Pomone*. Ce navire tient la mer aujourd'hui, et les conditions de vitesse ont été non-seulement accomplies, mais dépassées.

En 1844 MM. Guébhard, de Rosen et Holm ont construit, à Nantes, un steamer modèle, *le John Ericsson*, avec machines de quatre-vingt-dix chevaux. Ce paquebot file 10 nœuds et demi avec ses machines seules, et 12 nœuds et demi avec ses voiles et ses machines.

En 1844 M. Mazeline, du Hâvre, a construit les machines et le propulseur (système Guébhard) du paquebot de la marine nationale, *le Pingouin*. M. Mazeline a exécuté son propulseur sur les dessins et avec les conseils de MM. Guébhard et Holm.

de solution complète et industrielle d'un problème éminemment complexe, n'ont pas dû se résigner à rester désormais avec leurs coques fatiguées par des expériences multiples et prolongées, avec leurs machines détraquées, leurs propulseurs dépouillés d'acte de naissance, spectateurs inertes et appauvris du développement inévitable d'un système de propulsion qu'ils croient leur appartenir à tous les titres possibles et avec tous les caractères de la propriété industrielle, telle qu'elle a été définie par les lois qui nous régissent.

Ainsi, sur l'un des plateaux de la balance remise en vos mains pèse une belle fortune qui fut semée dans un champ péniblement labouré, alors que la récolte pouvait être espérée forte, abondante.

Dans l'autre, vous trouverez la somme relativement insignifiante, quoi qu'il arrive, à laquelle pourront s'élever des dommages et intérêts.

Enfin, Messieurs, vous reconnaîtrez, c'est notre ferme espoir, que le procès dont les éléments ont été soumis à votre haute appréciation, *couvre une question de justice et de gratitude nationales.*

Un trop long espace de temps s'est venu placer entre vos premiers travaux dans cette affaire, et le jour où il nous a été possible d'aborder la rédaction de ces Observations ; une révolution s'est accomplie, et les préoccupations de tous ont été si graves, qu'il nous paraît nécessaire de rétablir la discussion qui a eu lieu devant vous.

Notre travail comprendra :

1° *Une exposition de nos brevets limitée aux points essentiels au procès;*

2° *Une comparaison de nos brevets avec la patente du capitaine* Ericsson, *notre auteur*, destinée à mettre en relief les ressemblances ou les différences et à établir les perfectionnements qui nous sont propres.

Tout ce que nous réclamons ressortira de cette première partie.

3° *La discussion de quelques-uns des arguments que nos adversaires ont essayés, et l'examen critique des patentes, brevets et publications qui nous ont été opposés.*

4° Convaincus *à priori* que dans les questions du genre de celle que nous avons à traiter, le langage des figures est plus net, plus concis, plus probant enfin que tout autre, *nous mettrons sous vos yeux une série de figures destinées à montrer les liens d'étroite filiation qui unissent le propulseur d'Ericsson avec ceux du* Napoléon *et du* Comte-d'Eu, vous laissant à apprécier la valeur et l'authenticité de *cet arbre généalogique, dont le propulseur Ericsson sera la souche.*

5° Enfin *nous nous efforcerons de réunir en les résumant, tous les éléments qu'il importe, selon nous, de soumettre à votre appréciation.*

Heureux si, après avoir développé ce cadre, nous avons réussi, sans vous trop fatiguer, à faire passer dans vos esprits la conviction qui nous anime.

§ I. Exposition des brevets Guébhard.

BREVET PRINCIPAL DE GUÉBHARD. — *22 novembre* 1887.

Le 22 novembre 1837, M. Guébhard *demande* un brevet *d'importation et de* PERFECTIONNEMENT de quinze années, *pour* UNE *roue propellatrice.*

Ainsi nous pouvons constater déjà que le demandeur s'est proposé de se constituer des droits privatifs sur UNE roue, et si nous rencontrons dans la description, dans les figures annexées, l'emploi combiné de deux roues de formes identiques, le titre du brevet établit, sans doute possible, le droit de propriété limité ou étendu, selon la volonté du breveté, soit à une seule des deux roues, soit aux deux roues combinées.

La spécification énonce que la roue propellatrice est reliée à son moyeu par DES *bras en spirales*, supportant un cylindre ou cercle, muni d'*une* SÉRIE D'AILES EN SPIRALES ; que l'appareil propulseur est *placé* A L'ARRIÈRE *du navire, tout à fait* DESSOUS L'EAU. On a eu le soin de noter en outre que LE CERCLE EN FER EST AUSSI LÉGER QUE POSSIBLE.

Le STUFFING-BOX que traverse l'arbre du propulseur, le MOUVEMENT DIRECT, le GOUVERNAIL COUPÉ, l'*emploi combiné de* DEUX *roues*, ayant *chacune sa vitesse propre*, sont également réservés, RÉCLAMÉS par le breveté ; on lit en outre dans la spécification :

« Il est clair qu'il est nécessaire de proportionner le diamètre et les dimensions *du « propellateur*, l'angle des palettes et la force des machines. »

De l'examen *combiné et inséparable*, soit du texte plus ou moins exact dans quelques-uns de ses termes et des définitions techniques plus ou moins irréprochables, soit des deux figures annexées à la spécification, il résulte d'une manière *évidente*, *incontestable :*

1° Que LA ROUE PROPELLATRICE de M. Guébhard est constituée essentiellement par une portion de surface héliçoïdale fractionnée, dont les diverses fractions sont réparties régulièrement *autour et à distance* d'un centre commun, de telle façon que l'ensemble des fragments héliçoïdaux, destinés à former les surfaces utiles à la propulsion, offre dans la projection verticale perpendiculaire à l'axe, une disposition telle que, *entre deux éléments de propulsion consécutifs, il reste un* INTERVALLE VIDE, dont l'importance serait vainement niée, *alors qu'il suffit de constater son existence*, sous la condition dominante que *cet intervalle vide ne puisse être rencontré dans aucun propulseur héliçoïde antérieurement réalisé, avec les mêmes caractères nets et tranchés.*

2° Que le mode de liaison des surfaces utiles à la propulsion, avec le moyeu au centre du propulseur, consiste *dans un nombre* INDÉTERMINÉ *de bras héliçoïdaux.*

3° Que la solidarité entre les divers éléments propulseurs est obtenue au moyen d'un cercle *aussi léger que possible*, auquel on ne saurait assigner un autre but utile, en dehors du besoin de liaison et de solidarité.

4° Que l'axe ou arbre du propulseur traverse l'*étambot* du navire, tout accès intérieur étant interdit au liquide par le moyen d'un *stuffing-box*.

Les figures annexées à la spécification sont dessinées à l'échelle, intelligibles pour toute personne habituée à lire un dessin, tellement intelligibles même, que la reproduction en serait facile et sûre, *en l'absence d'un texte à l'appui*, sans autre variation possible que celle inhérente à chaque cas spécial et *prévue d'ailleurs*, savoir : le diamètre du propellateur et l'angle de génération de la surface héliçoïdale.

Quiconque devra conserver le FACIES *voulu par l'auteur*, pourra varier les diamètres, les angles, le nombre des fragments héliçoïdaux, le nombre des bras également héliçoïdes, mais il DEVRA disposer toutes choses de manière *qu'un vide existe entre deux fragments héliçoïdaux consécutifs*, et quel que soit, d'ailleurs, le mode de liaison adopté pour rendre solidaires ces divers fragments.

Ainsi deux *idées fondamentales :*

La première : Propulsion due à des fragments d'une même surface héliçoïdale, ces fragments disposés régulièrement, avec vide laissé entre deux éléments de propulsion consécutifs;

La seconde : Bras héliçoïdaux en nombre indéterminé, la forme de ces bras évidemment destinée à diminuer la résistance due à leur mouvement dans le liquide qui les entoure.

Que si le dessin montre deux roues juxtaposées, on ne saurait oublier que le titre du brevet, ce titre dont la loi de 1791 qui régit le brevet principal de Guébhard définit l'importance, dit formellement que le brevet est pris pour UNE roue, c'est-à-dire *au principal* pour les dispositions propres à cette roue, et *accessoirement* pour l'emploi combiné de deux roues de construction identique, l'une d'elles tournant avec une vitesse différente de celle qui anime l'autre.

BREVET DE PERFECTIONNEMENT ET D'ADDITION DEMANDÉ PAR GUÉBHARD.

25 *novembre* 1839.

Le 25 novembre 1839, Guébhard demande « *un brevet de perfectionnement et* « *d'addition* au brevet délivré le 28 février 1838 pour une roue propellatrice. »

Ainsi, deux années écoulées, il indique une fois encore que son brevet principal s'applique à *une roue*.

La spécification du second brevet mentionne l'emploi facultatif d'une ou de deux roues, mais en constatant que là ne sauraient être les changements ou perfectionnements qui consistent : *dans un mode perfectionné d'ajustement de notre roue propellatrice.*

L'application du perfectionnement consistant dans *l'emploi d'un* FAUX ÉTAMBOT pour supporter l'arbre moteur, donnant ainsi *la faculté de placer le gouvernail à l'arrière du propellateur.*

La spécification se termine par un résumé qui s'attache à faire ressortir les avantages dus au fractionnement d'une surface héliçoïdale dont la longueur *totale* (*c'est-à-dire la somme des surfaces partielles*) est convenablement déterminée, eu égard au *quantum* nécessaire à la propulsion, ces fractions réparties régulièrement autour d'une circonférence, « QUEL QUE SOIT LE MODE D'AJUSTEMENT, » ces derniers mots empruntés au texte.

Vague, obscur même, si l'on veut, pour qui l'aurait lu sans avoir les figures sous les yeux, ce résumé, rapproché des figures du brevet principal, montre alors évidemment que *l'intention-mère* des auteurs est tout entière dans la division par fragments égaux d'une longueur donnée de surface héliçoïdale, répartis de manière à laisser des vides entre deux, tandis que le mode d'ajustement et de solidarité est considéré par eux comme indifférent. Donc le cercle « *aussi léger que possible* » est et doit être considéré, *exclusivement à tout autre but*, comme un moyen de construction pur et simple, indépendant des parties essentielles du brevet.

Enfin ce résumé indique le but et les avantages de l'emploi du faux étambot.

CERTIFICAT D'ADDITION DEMANDÉ PAR GUÉBHARD. — 19 *août* 1845.

Le 19 août 1845, Guébhard demande *un certificat d'addition*, relatif à plusieurs changements et perfectionnements « *qui sont tous facultatifs* » et parmi lesquels nous nous bornerons à constater ceux qui peuvent avoir trait au procès.

« 1° Modifications diverses dans la construction de la roue propellatrice, mais en « conservant le principe du brevet principal, consistant dans la suppression des cercles « ou cylindres, les bras en spirales formant fractions d'hélices restant seuls, et suffisant, « quel que soit leur nombre 2, 3, 4, 6 ou 8, à composer la roue propellatrice. » Cet alinéa tout entier extrait du texte.

Quant aux autres changements et perfectionnements ils sont tous remarquables à plusieurs égards, ils témoignent de résultats acquis par des expériences réitérées et par une étude approfondie de toutes les questions liées à la propulsion héliçoïdale, mais ils ne tombent pas directement sur les chefs de la contrefaçon et nous ne croyons pas devoir fixer sur eux vos regards.

Mais si nous nous bornons à signaler l'unique paragraphe que nous avons voulu emprunter à cette longue spécification, ce sera pour remarquer seulement qu'il a les caractères de diffusion inutile, que déjà nous avons reprochée au rédacteur habituel des spécifications Guébhard. En effet la modification qui a supprimé le cercle ou cylindre ne valait pas, à notre sens du moins, les honneurs d'une spécification isolée. Pour faire comprendre cette opinion, qu'il nous soit permis de faire une hypothèse : le constructeur qui ferait breveter un moteur hydraulique, par exemple, s'inquiéterait peu de consacrer six à huit lignes de sa spécification à quelques boulons destinés à relier entre elles les aubes du moteur, et le jour où, convaincu que ces boulons en coupant la veine liquide, donnent lieu à des réactions mutuelles, par suite à des consommations en pure perte du travail moteur, il supprimerait les boulons, sans emboucher la trompette, sauf à augmenter d'autant l'épaisseur du métal qui compose les aubes.

Or, voyez, Messieurs, combien cette hypothèse est applicable dans l'espèce : nous conservons toujours même forme et disposition à nos surfaces de propulsion, c'est-à-dire à nos aubes héliçoïdales, nos bras sont les mêmes que dans le premier brevet, alors que, comme aujourd'hui, leur nombre était indéterminé; mais du moment que nous supprimons le cercle qui unit deux aubes successives entre elles, nous sommes conduits à avoir les bras et les aubes en nombre égal.

Ainsi, rien de nouveau aujourd'hui, et le paragraphe cité est une vaine superfétation, car dans la spécification du deuxième brevet, on avait indiqué déjà par ces paroles « QUEL QUE SOIT LE MODE D'AJUSTEMENT » que le cercle n'avait d'autre valeur que celle d'un détail de construction.

Nous n'abandonnerons pas le certificat du 19 août 1845, sans vous avoir prié, Messieurs, de jeter un coup d'œil attentif sur les dessins qui y sont annexés, certains que, parmi eux, il en est un qui vous montrera le type exact et anticipé du propulseur du *Comte d'Eu*, avec son faux étambot, auquel vient se relier le gouvernail.

Cette spécification se termine par un long et très-peu utile résumé, dont nous n'aurons pas à nous occuper après cette simple remarque :

Grâce à la netteté et à l'exactitude des projections qui composent les diverses figures annexées aux brevets et certificats Guébhard, tout texte, toute spécification devenait à peu près inutile; nous pensons même qu'*avec ce seul titre : propulseur héliçoïdal et les figures annexées à nos brevets*, tout ingénieur, tout constructeur, comprendra :

1° *Que le système de propulsion consiste dans la répartition régulière autour d'un centre commun, de portions de surface héliçoïdale, ayant toutes même génération et disposées de façon à laisser un espace vide entre deux fragments consécutifs;*

2° *Que les diverses portions de surface héliçoïdale sont reliées au moyeu par des bras héliçoïdaux;*

3° *Que le nombre des bras est indéterminé, car il varie avec telle ou telle autre figure; qu'en conséquence rien ne s'oppose à ce que ce nombre soit pris égal à celui des palettes, et, ce dernier cas échéant, le cercle, devenu une inutilité palpable, sera supprimé, sauf la précaution de donner aux aubes et aux bras une épaisseur suffisante pour être certain qu'ils ne voileront pas sous l'effet des pressions que le fluide, dans lequel ils se meuvent, leur doit faire éprouver.*

Celui qui aura fait cette suppression, s'il est constructeur, ne se croira pas inventeur, il n'aura pas la prétention d'avoir créé un propulseur différent de celui de Guébhard.

Au contraire, il comprendra que le jour où il adapte à un navire, à l'arrière, le propulseur Guébhard, submergé, avec ou sans le cercle, l'arbre étant placé dans le plan milieu du navire et traversant l'étambot muni en ce point d'un stuffing-box, il commet une contrefaçon patente.

§ II. Comparaison des brevets Guébhard avec la patente d'Ericsson.

Cessionnaires des droits du capitaine Ericsson pour l'exploitation en Europe de son propulseur, liés avec lui par des relations qui ont été incessantes depuis dix années, il n'a jamais pu être dans la pensée de MM. Guébhard, de Rosen et Holm, de dissimuler l'origine de leur brevet.

Loin de là : nous nous sommes empressés toujours de le déclarer bien haut, persuadés que les éclatants succès du système Ericsson aux États-Unis, nous seraient un levier puissant. Par circulaire en date du 1er janvier 1844, alors que déjà nous pouvions constater les entreprises de la contrefaçon, nous avons voulu établir nettement notre origine et nos droits.

Plus tard, en avril 1846, quand les tentatives des contrefacteurs étaient devenues plus manifestes, plus inquiétantes, nous avons voulu éviter un de ces procès où vont s'engloutir toujours et stérilement une activité, un temps et des dépenses considérables, et nous avons adressé une seconde circulaire à l'administration de la marine, au commerce maritime, aux constructeurs, à nos adversaires eux-mêmes. Dans la seconde, comme dans la première, l'origine des brevets Guébhard est surabondamment indiquée. Donc, bien loin d'avoir prétendu la dissimuler un seul instant, nous avons cru au contraire éminemment utile à nos intérêts de la proclamer bien haut, certains d'ailleurs, par les soins minutieux et l'examen approfondi par nous apportés à la conclusion de cette grande affaire, que rien d'assez complet, d'assez explicite n'avait pu être publié tant en France qu'en Angleterre, avant notre prise du brevet de novembre 1837, pour faire, non pas craindre, mais seulement soupçonner l'attaque en déchéance. Dès le principe, nous avions compris qu'il s'agissait d'engager là d'énormes capitaux, et nous n'avions rien négligé de ce qui pouvait tendre à nous éclairer sur l'avenir et les chances de l'affaire que nous étions désireux de conclure.

Mais plus nous voulons déclarer hautement ce que nous devons au capitaine Ericsson, plus aussi il nous importe de faire ressortir, entre les termes ou conditions de sa patente, et ceux de nos brevets, les différences, selon nous considérables, qui justifient le mot de *perfectionnement*, ajouté par nous à celui d'importation, dans le titre du premier brevet que nous avons sollicité en novembre 1837.

Ainsi, tandis qu'Ericsson se borne à décrire simultanément, et comme inséparables, ses deux roues héliçoïdes, nous avons le soin de formuler expressément, dans le titre de notre brevet, qu'il est pris « *pour* UNE *roue propellatrice*, » afin de nous réserver, dès l'origine, l'emploi facultatif et isolé de l'une des deux roues dont l'ensemble seul est réclamé par Ericsson.

On ne niera pas que cette réserve constitue à elle seule un perfectionnement, dans l'acception la plus large du mot, si l'on considère que, sauf des cas spéciaux, dont nous n'avons pas à parler au procès, puisque, à notre exemple, le contrefacteur n'a employé qu'une seule roue, sauf ces cas spéciaux, la navigation maritime a adopté l'usage presque exclusif de la roue unique.

Ericsson, dans la spécification jointe à sa patente, a représenté, dans une figure spéciale, un cylindre sur lequel il enroule huit filets héliçoïdaux d'*une génération déterminée*, chacun d'eux correspondant à une révolution complète d'un point qui engendre l'une quelconque des hélices. Disons-le en passant, la proportion entre la hauteur de la portion de cylindre qu'il conserve dans son propulseur, et la hauteur qui correspond à une hélice complète, cette proportion implique forcément le vide entre deux éléments consécutifs, ce vide qu'avec conviction nous appellerons un *éclair de génie.*

Au contraire, nous avons *volontairement* exclu cette figure de notre demande de brevet, et nous nous sommes bornés ultérieurement, pour les besoins du procès actuel, à la reproduire matériellement, comme moyen facile de faire apprécier aux yeux l'idée capitale qui a donné à Ericsson, *du premier jet*, la solution complète et vainement cherchée jusqu'alors.

Or, voici les motifs de cette exclusion volontaire :

L'insertion de la figure dont il s'agit, et la reproduction des termes qui y sont relatifs dans la patente d'Ericsson, introduits dans notre demande du 22 novembre 1837, eussent constitué pour nous, et à nos yeux, *un lange véritable dans lequel nous ne voulions pas être comprimés.*

Ainsi, en effet :

1° Le pas de l'hélice donnée, que nous voulons conserver variable, est fixé invariablement à trois fois le diamètre de la circonférence autour de laquelle sont répartis les éléments héliçoïdes, soit par les termes de la spécification, soit par la figure dont il est question ;

2° Cette figure et la spécification, en ce qui la concerne, impliquent l'emploi de *huit* aubes, ou éléments héliçoïdaux. Nous, au contraire, jaloux de varier suivant les cas et les besoins de la pratique, le nombre des aubes propellatrices, nous évitons tout ce qui en peut fixer le nombre, et les figures annexées à notre demande, aussi bien que la spécification qui l'accompagne, nous laissent pleine et entière latitude à l'endroit de l'angle des fragments héliçoïdes, du nombre de ces fragments. La seule chose qui ne reste pas facultative pour nous, c'est le FACIES de la projection du propulseur perpendiculairement à l'axe, c'est l'évidement obligé entre deux éléments de propulsion consécutifs, c'est en un mot l'*éclair de génie* d'Ericsson.

Ainsi la seule suppression de cette figure, ce fait négatif que nos adversaires ont voulu tranformer en argument, prouve au contraire, d'une manière victorieuse, que, dès le principe, nous avons compris, défini, limité, ce qui, dans la propulsion héliçoïdale, allait devenir notre propriété exclusive. Si l'on veut prétendre que le mérite est faible à Ericsson, qui, du premier jet, a conçu l'importance capitale de l'évidement, à nous qui avons eu foi dans cette idée, nous répondrons en temps utile par le récit des longs, pénibles, coûteux tâtonnements par lesquels ont dû passer les essais de l'*Archimède*, du *Rattler*, du *Great-Britain*, du *Napoléon*, engagés, poursuivis sans autre guide apparent que le hasard ou le caprice.

Pour résumer ce parallèle, avec Ericsson nous réclamons, en nous bornant aux chefs de la contrefaçon :

1° L'arrangement, la disposition d'une roue propellatrice, composée de fractions d'une même surface héliçoïdale, réparties régulièrement autour et à distance d'un centre, espacées l'une par rapport à l'autre de manière à offrir un évidement dans la projection perpendiculaire à l'axe. Les bras héliçoïdaux, l'évidement central, Ericsson les a conçus aussi du premier jet, et nous les réclamons, sans nous dissimuler que le Mémoire du capitaine Delisle, exhumé de la poudre des cartons de la Marine, ou de celle de quelque académie de province bien ignorée, nous peut être opposé; mais alors nous dirons qu'il y a impossibilité matérielle à ce que le capitaine Ericsson ait pu connaître le travail du capitaine Delisle, enfoui durant vingt années;

2° La position du propulseur submergé, à l'arrière du navire, son axe traversant l'étambot, muni en ce point d'un *stuffing-box*.

Mais, tandis qu'Ericsson limite et spécifie la génération de la surface héliçoïdale, le nombre des fractions employées, tandis que sa spécification semble impliquer l'emploi obligé des deux roues tournant en sens contraire l'une de l'autre, chacune avec vitesse différente, nous, venus après lui et par lui, nous faisons breveter : « *Une roue propellatrice » ; nous réservons la variabilité des angles, c'est-à-dire de l'inclinaison et du pas de l'hélice; nous laissons indéterminé le nombre des aubes.*

Enfants respectueux d'Ericsson, c'est-à-dire importateurs, nous croyons avoir bien mérité de l'auteur, en perfectionnant son œuvre par une saine culture, une émondation bien entendue, et nous voulons croire ces prétentions admises par ceux qui auront daigné lire ce travail.

§ III. Examen critique des patentes, brevets et publications invoqués contre nous.

Parvenus à la partie de notre travail que nous avons voulu consacrer à l'examen, à la critique, à la discussion des arguments présentés et développés par l'honorable conseil de nos adversaires, nous nous sommes demandé si nous reprendrions, la plume en main, les longs et contradictoires commentaires sur les textes de nos brevets, qui devant vous, Messieurs, fournirent matière à deux longues séances. Forts de nos souvenirs, que nous avons voulu séparer de l'ombre même d'une illusion présomptueuse, nous nous sommes fait une réponse négative. Ces textes de nos brevets, déjà, Messieurs, nous avons dû les apprécier ici, et l'espèce de sévérité avec laquelle nous les avons envisagés, est faite, peut-être, pour donner quelque poids à l'assertion que nous allons émettre.

Quels qu'ils soient donc, nous ne voulons, à cette heure et à leur sujet, dire autre chose, sinon que nous protestons de toutes nos forces contre le reproche de *contradiction* et de *recel* qui leur a été appliqué par nos adversaires. Faisant appel à vos souvenirs, reconfortés par la discussion qui a rempli les deux premières parties de cet exposé, nous nous tenons, jusqu'à nouvel ordre, pour dégagés de ce double grief.

Toutefois notre honorable contradicteur ayant tenté de tirer parti du mot *spiral* ou *spirale* qui dans nos textes tient la place du mot plus caractéristique d'*héliçoïde* ou *hélice*, qu'il nous soit permis d'établir une définition géométrique, destinée, selon nous, à justifier surabondamment le rédacteur du brevet principal de Guébhard.

On désigne, sous le nom générique de *spirale*, toute courbe tracée sur la surface d'un cône.

Le cylindre est la variété du cône qui résulte de cette donnée spéciale que la génératrice de la surface, bien que située dans un même plan par rapport à cet axe, le rencontre seulement à l'infini, c'est-à-dire lui est parallèle.

La courbe qui, tracée précédemment sur le cône, portait le nom de *spirale*, tracée à cette heure sur le cône devenu cylindre, par le fait de l'angle au sommet devenu égal à zéro, cette courbe alors prend le nom spécial d'*hélice*, soit donc *spirale cylindrique*.

Partant, la *surface spirale* précédemment, c'est-à-dire celle engendrée par une ligne qui se meut en s'appuyant constamment sur l'axe du cône d'une part, et sur la spirale d'autre part, cette surface, lorsque le cône sera passé à l'état de cylindre, deviendra en conservant toujours un seul et même mode de génération, une *surface spirale cylindrique*, soit une *surface héliçoïde.*

Cette définition, que nous voulons, Messieurs, vous prier de nous pardonner, suffit à ruiner par la base l'accusation d'incertitude et d'indétermination articulée comme grief principal contre le texte du brevet Guébhard, et nous ne redirons pas que les figures annexées à nos brevets rendaient, à priori, le doute impossible.

Il est temps d'arriver enfin à l'examen des propulseurs brevetés en France, ou patentés en Angleterre, antérieurement au 22 novembre 1837, que nos adversaires ont cru pouvoir invoquer devant vous.

Ils ont fait intervenir au procès :

1° Brevet *Dallery*, 29 mars 1803.

2° Brevet *Salichon*, 27 juin 1831.

3° Patente *Church*, 15 avril 1830.

4° Patente *Smith*, 30 novembre 1836.

5° Enfin nous avons nous-mêmes introduit au débat avec spontanéité, mais non sans un chagrin que nous avons déjà eu occasion de faire comprendre, le système proposé, en juin 1823, par le capitaine *Delisle*, du génie français, dans un Mémoire qui fut alors enfoui dans les cartons de la Marine, et exhumé depuis, mais en 1842 seulement, de la poussière de ces cartons.

La sobriété de nos adversaires a été grande, nous devons le déclarer, car ils auraient pu faire passer sous vos yeux, en nombre bien plus considérable, des propulseurs patentés ou brevetés, que l'idée bien ancienne de l'application de la vis à la propulsion des navires a pu suffire à engendrer, sinon à faire croître et grandir jusqu'à l'état de chose praticable et pratiquée, les uns, *fœtus* venus avant terme, non viables; les autres, mal conçus, informes, incomplets, partant décédés peu après leur naissance.

Sans prétendre aborder devant vous, Messieurs, l'exposé des notions théoriques relatives à la propulsion héliçoïdale, convaincus, d'une part, de notre infériorité relative, et, d'autre part, non moins persuadés qu'une semblable discussion serait inutile au débat, nous consacrerons néanmoins quelques lignes au simple rappel des conditions capitales d'un problème d'ailleurs très-complexe.

Si l'on conçoit un *écrou* fixe dans lequel se meut une vis animée d'un mouvement de rotation dû à une puissance motrice quelconque, la vis, selon le sens de rotation adopté, poussera d'arrière en avant, ou entraînera d'avant en arrière, un corps de poids et de section donnés, sous la condition que ce corps reste intimement lié à la vis, cette dernière libre d'ailleurs de tourner, en même temps que s'accomplit, d'autre part, le mouvement de translation commun à la fois au corps et à la vis.

Supposant ensuite le corps dont il s'agit plongé dans un liquide, toutes choses restant les mêmes d'ailleurs, et le liquide qui entoure la vis en tous sens, formant écrou dans une masse liquide il est vrai, mais indéfinie (partant relativement fixe), on conçoit que si, par une cause extérieure quelconque, la vis vient à tourner, le corps progressera.

Idée simple, n'est-ce pas? Solution complète en apparence et *venue tout d'une pièce!*... Ainsi l'ont cru du moins les nombreux auteurs de tant d'essais avortés. Peut-être même faut-il chercher dans l'apparente et trompeuse simplicité de la solution les causes d'un insuccès qui s'est prolongé pendant cinquante années au moins, de 1787 (première date que l'on puisse assigner à un essai bien défini) jusqu'en octobre 1836, *c'est-à-dire jusqu'aux essais d'Ericsson.* N'oublions pas, toutefois, que le système proposé par Delisle, mais conservé sous le boisseau, n'a donné lieu à aucun essai, et disons, par anticipation, que *le système Smith, créé et mis au jour six semaines avant celui d'Ericsson, n'est devenu viable que sous la condition des transformations et modifications successives que nous dirons.*

Quoi qu'il en soit, essayons d'esquisser les principales difficultés que cachaient ces apparences si longtemps décevantes :

1° Le liquide faisant fonction d'écrou et supposé fixe, cède au contraire et se déplace. De là un phénomène auquel on a donné le nom de *recul;*

2° Le frottement dû au liquide qui presse inégalement sur les deux faces du filet héliçoïdal, donne lieu à une consommation très-notable et en pure perte du travail moteur dépensé;

3° La quantité du travail mécanique absorbé par le frottement dépend de la largeur du filet, mesurée dans le sens du rayon d'une part, et d'autre part de la longueur de la vis elle-même, mesurée dans le sens de l'axe;

4° Étant donnée la surface de propulsion nécessaire pour une vitesse voulue du navire, cette vitesse ne sera obtenue et le travail livré par le moteur ne sera convenablement utilisé, que sous des conditions complexes, relativement à l'inclinaison du filet héliçoïdal et à la disposition adoptée pour ce filet, selon qu'il sera rejeté à telle ou telle distance de l'axe du propulseur;

5° Dans l'hypothèse du filet héliçoïdal prolongé jusqu'à l'axe même du propulseur, la partie centrale du filet, en même temps qu'elle sera moins utile à la propulsion, influera davantage sur la consommation en travail de frottement; dans l'hypothèse contraire, les diamètres intérieur et extérieur qui limitent le filet héliçoïdal employé, seront loin d'être indifférents;

6° Les dispositions adoptées, soit pour répartir et fractionner la surface de propulsion, soit pour la reporter à distance et la relier à l'axe, exerceront une influence considérable, dont l'effet sera de diminuer ou d'accroître les déviations imprimées aux filets liquides, en donnant lieu à des phénomènes de réactions mutuelles, à des remous intérieurs et extérieurs, causes éminemment compliquées et souvent considérables, d'absorption du travail moteur, et d'une diminution plus ou moins notable du rapport entre le travail dépensé et l'effet utile;

7° Enfin pour un propulseur héliçoïdal de dispositions données, appliqué à un navire de formes et de tonnage déterminés, il y aura entre la puissance de la machine motrice, la surface de propulsion convenable, la vitesse de translation du navire et la vitesse de rotation du propulseur correspondante à la vitesse de régime de la machine motrice, des relations complexes et difficiles à satisfaire, même avec les ressources, soit de l'analyse transcendante, soit d'une expérience consommée.

Si nous ajoutons que cette énumération est loin d'être complète, on comprendra, en premier lieu, combien de difficultés séparent l'idée première d'une solution pratique; en second lieu, *on restera convaincu qu'une modification, si simple, ou même si légère qu'elle apparaisse à l'observateur superficiel, pourra, au contraire, s'élever à la hauteur d'un résultat capital. Enfin on sera conduit à respecter profondément les titres de propriété conquis dans l'espèce et transmis à des ayant-droit, par celui qui,* DU PREMIER JET, *a trouvé une solution éminemment satisfaisante de ce problème dont nous venons d'effleurer à peine les difficultés, en les énonçant.*

BREVET DALLERY. Le 29 mars 1803, le citoyen *Dallery* a pris un brevet *pour un mobile perfectionné.* Nous connaissons seulement le dessin qui a dû être annexé à la spécification, que nous n'avons jamais lue. Il représente un superbe navire, orné à l'avant et à l'arrière de deux *tire-bouchons,* chacun muni de deux filets. Chaque filet a une largeur qui va croissant et s'enroulant sur le moyeu, de manière à embrasser une longueur totale correspondant à deux pas au moins. Un singulier système de cordages avec poulies de renvoi, paraît lier le tout d'une façon fort peu intelligible au mouvement nécessairement alternatif de quelque chose qui, à l'arrière et intérieurement au navire, affecte plus ou moins les formes d'une pompe.

Fœtus! avons-nous dit déjà.

Idée première, si l'on veut... rien de plus. Passons.

Toutefois, il faut le dire, notre honorable contradicteur a voulu arguer de ce brevet, pour y trouver un des points que nous réclamons, à savoir : la position du propulseur submergé situé à l'arrière du navire, placé parallèlement à la quille. Soit! Mais nous pensons qu'avec nous, Messieurs, vous protesterez contre ce *premier essai du fractionnement de la propriété industrielle,* dont vous verrez nos adversaires pratiquer un usage abusif.

BREVET SALICHON. Le 21 juin 1831, *Salichon, ingénieur,* prend un brevet *pour un nouveau système de navigation dans lequel on fait usage de toute espèce de vis.*

Il a soin, dans sa spécification, d'avertir que sa vis qu'il appelle *vulgaire* a été inventée par *Architas, quatre cents ans avant notre ère.*

Notons précieusement : 1° que la vis de Salichon a 6m 17 *de longueur;* 2° qu'elle est très bizarrement et très-peu solidement suspendue au moyen d'un incroyable système de pièces de bois; 3° *qu'elle est placée à l'*AVANT *du navire*; 4° que son axe traverse l'*étrave*; mais peu importe, supposons qu'il traverse l'*étambot*, ce qu'indique d'ailleurs M. Salichon comme prévu, et nous pourrons dire encore : rien de commun entre Salichon et Ericsson. Donc, passons.

Remarquons toutefois que Salichon dit dans sa spécification : « pour s'opposer « efficacement à l'entrée de l'eau par le trou ouvert à LA PROUE, on le recouvre..., etc. » Suit la description d'un très-singulier *stuffing-box* qu'on veut nous opposer, *pour anéantir un des chefs que nous réclamons.*

Protestons donc, et pour la seconde fois, contre *le système du fractionnement de la propriété industrielle*, qui nous a étonnés dans la bouche de notre contradicteur, si compétent en la matière, et rappelons, pour n'avoir plus à le redire, que les chefs de nos conclusions, en ce qui touche les points réclamés dans nos brevets, sont et doivent être connexes, solidaires; qu'il ne s'agit pas, qu'il ne saurait s'agir de prouver ou de contester si tel ou tel autre point par nous réclamé, a, par lui-même et isolément, un caractère de nouveauté absolue, mais bien et uniquement de prouver ou de contester que l'ensemble et l'arrangement des parties diverses qui constituent la roue propellatrice de Guébhard, offrent des caractères de *nouveauté* industrielle. La question ramenée et maintenue sur ce terrain, nous paraît conforme au texte et à l'esprit des lois qui régissent les brevets en France, et il nous suffira de l'avoir rappelé, laissant à l'éminent conseil judiciaire, choisi par notre client, le soin de l'établir ultérieurement avec l'autorité bien connue de sa parole, et d'ailleurs pénétrés d'une confiance absolue dans les idées vraies et pratiques que vous saurez, Messieurs, appliquer à la définition et à l'appréciation de la propriété industrielle.

On lit dans le *London Journal*, numéro de juin 1831, une patente accordée à *W. Church;* elle remplit treize pages d'un in-octavo serré, et rappelle involontairement la thèse de Pic de la Mirandole, par la variété des objets qu'elle vise. On y rencontre quelques lignes ainsi conçues : PATENTE CHURCH.

« Le perfectionnement relatif à la disposition des palettes ou roues propres à donner « l'impulsion aux navires, bateaux et autres bâtiments, consiste dans la combinaison « suivante : on fait usage des deux roues ayant une série de *palettes courbes* tournant « sur un axe commun, mais en sens contraire.

« Chacune de ces roues est entourée d'un tambour cylindrique auquel les périphé- « ries des palettes sont attachées. La fig. (—) est une vue de face de l'une de ces roues

« à aubes, avec le tambour cylindrique qui l'entoure. La fig. (—) est une vue longi-« tudinale des deux roues, les tambours étant coupés suivant leurs diamètres, afin de « montrer la construction intérieure des roues.

« On propose d'employer quelquefois les deux roues à palettes courbes, tournant « en sens contraire dans un cylindre fixe. »

« Il est nécessaire de faire remarquer que l'axe des deux roues doit être placé paral-« lèlement à la quille du navire et qu'elles peuvent être mues par tous moyens ordi-« naires employés pour faire mouvoir deux roues sur le même axe dans des directions « opposées. »

Dans le débat qui a eu lieu devant vous, Messieurs, notre adversaire ayant paru attacher de l'importance à la double roue de Church, nous avons dû demander à Londres une expédition des deux figures invoquées. Ce calque mis sous vos yeux (voyez notre figure 18), et rapproché du texte de la spécification, a fourni, au débat, les éléments d'une longue discussion que nous allons rapidement résumer.

Après avoir insisté d'une façon toute spéciale sur ce fait : *que le texte de la spécification ne mentionne en aucune façon que la forme héliçoïde ait été dans les intentions de l'auteur, nous avons démontré que la concordance entre les deux figures nivoquées ne saurait exister*, c'est-à-dire que l'une des deux ne peut être regardée comme une projection déduite de l'autre. Allant plus loin, et supposant, *malgré le silence de l'auteur*, que la forme héliçoïdale ait pu être dans sa pensée, après avoir fait le relèvement des angles qui, *dans cette hypothèse toute gratuite* de notre part, *eu égard au silence du texte*, serviraient à déterminer les projections des fragments héliçoïdaux, nous avons construit, et nous sommes arrivés à une projection dans un plan perpendiculaire à l'axe, tellement disposée que les fragments héliçoïdaux qui constituent les aubes d'une des deux roues, se recouvrent l'un l'autre, suivant toute la longueur dans le sens du rayon et sur une étendue au moins égale au tiers de la surface totale de l'aube projetée. Ainsi s'est trouvé établi le dilemme suivant :

1° Si les aubes du docteur Church sont héliçoïdales, l'une quelconque de ces deux roues ne saurait avoir le caractère constitutif du propulseur Ericsson, soit l'évidement entre deux aubes consécutives.

2° Si l'on veut admettre l'évidement figuré dans la figure annexée à la patente Church, il est géométriquement impossible d'accorder que ces aubes soient les fragments d'une surface héliçoïdale.

D'autre part, et en adoptant *par impossible* la concordance entre les figures de Church, en même temps que la supposition de surfaces héliçoïdales, la roue Church offre une projection pleine dans la partie centrale sur un diamètre égal au tiers environ du diamètre total, portion de la projection que les conditions d'un bon rendement veulent au contraire le plus complétement évidées. Ainsi et encore contrairement à toutes les conditions d'un bon rendement, la roue Church a, dans le sens de l'axe, une longueur égale au tiers environ de son diamètre; les aubes de cette roue sont fort larges au centre, c'est-à-dire dans la partie qu'Ericsson voudrait de largeur insensible, si la solidité le pouvait permettre.

Le tambour de la roue Church, en entourant les aubes, aurait eu pour effet d'encaisser l'eau, en s'opposant à son dégagement; il doit donc accroître les effets nuisibles dus aux réactions mutuelles; et n'y eût-il entre le propulseur Church et celui d'Ericsson que la différence de position assignée par chacun d'eux au tambour qui relie les aubes, elle suffirait pour constituer à l'un des droits privatifs par rapport à l'autre, et dans tous les cas une incontestable supériorité au propulseur Ericsson.

Ajoutons que le docteur Church oublie de dire *où et comment* son propulseur *sera placé*, s'il le veut *submergé* en totalité, ou *partiellement immergé*, à *l'arrière*, à *l'avant*, ou bien *latéralement* avec un, deux, ou quatre appareils semblables pour le même navire. Sur tous ces points d'importance majeure, le docteur garde un silence complet!

A cette idée vague, confuse, indigeste, à cet autre *fœtus*, que l'on compare les dessins des brevets Guébhard.

Enfin, et pour en finir avec Church, remarquons que s'il dit que ses deux roues tournent en sens inverse, il omet ce point essentiel qui seul suffit à prouver la valeur des idées d'Ericsson, c'est que les deux roues tournent avec une vitesse différente.

Que si l'on voulait conclure, en faveur de Church, des droits de propriété sur l'emploi de deux roues tournant en sens inverse, nous répondrions que l'idée de l'emploi de deux roues a été mise dans le domaine public depuis 1827, par une publication de Tredgold.

En somme, la spécification de la patente Church, en ce qui est relatif au propulseur qui nous a été opposé, manque de clarté; elle est d'une incontestable insuffisance, que le défaut de concordance des figures ne permet pas de combler; elle n'atteste rien autre chose qu'une idée indigeste, comme nous l'avons dit déjà. Faut-il, après cela, s'étonner si le docteur Church n'est cité dans aucune des nomenclatures qui indiquent les auteurs qui se sont occupés de propulseurs héliçoïdes!

A cet instant de la discussion, qu'il nous soit permis de dire l'espèce de satisfaction que nous éprouvons à nous sentir débarrassés enfin de ce que nous voulons appeler *le menu fretin* du débat. N'a-t-on pas le droit, en effet, d'appeler ainsi ces brevets *mort-nés*, qu'aucun essai n'est venu sanctionner, qui paraissent sortis, plus ou moins informes, d'une imagination bizarre et d'un souvenir indigeste trop souvent, pour servir un jour d'armes défensives et offensives aux habiles guetteurs. Espèce nombreuse, ardente toujours, que l'on voit se jeter à la traverse des inventeurs sérieux, après que ceux-ci, partis soit d'une idée nouvelle, soit même d'une idée vulgaire, mais stérile jusqu'alors, sont parvenus, par la puissance combinée du raisonnement, de l'expérience, de l'invention, à produire une œuvre pratique, avec le germe qui gisait à l'état d'*idée indiquée*, dans la poussière des recueils techniques.

PATENTE SMITH. Quoi qu'il en soit, nous arrivons au propulseur patenté de *Françis Pettit Smith, fermier du comté de Middlesex*, celui dont un recueil anglais, que nous avons eu sous les yeux, disait : « Quels sont ses titres à l'*originalité* *, cela est difficile à reconnaître...., mais on ne peut nier que les essais de son propulseur, vulgairement « désigné sous le nom de vis d'Archimède, furent poursuivis avec tant d'habileté et « de persévérance qu'il est parvenu à fixer l'attention publique. »

C'est à démontrer le sens vrai de ce jugement que nous allons nous appliquer, en faisant voir comment Smith, après s'être conquis le patronage d'une compagnie puissante, hardie, persévérante, est parti de l'idée simple et vulgaire déjà, d'un filet de vis tournant dans l'eau qui lui sert d'écrou, pour arriver, par une suite d'essais réitérés, de modifications successives, de retranchements timidement hasardés, à faire adopter comme sien, un système totalement différent de celui constaté par sa patente, tandis qu'au contraire il a une analogie complète avec celui d'Ericsson. Or, ici, Messieurs, les dates ont une importance qu'il est peut-être utile de vous signaler.

En avril 1832, M. *Sauvage de Boulogne*, constructeur de navires, avait demandé, en France, un brevet pour un système de propulsion par la vis ; il disait dans sa spécification : « Ce mécanisme consiste dans un appareil composé d'une *aube placée en spirale* « sur un arbre qui tourne..... Cette aube, ainsi que l'arbre, peut être exécutée en « bois ou en métal. » Les figures annexées au brevet, montrent que M. Sauvage entendait placer à l'arrière du bâtiment et parallèlement à la quille, deux aubes semblables. Nous avons lieu de croire, mais sans pouvoir l'affirmer, que M. Sauvage construisit vers cette époque un canot qu'il munit à l'arrière d'une aube unique et qu'il fit dans le port de Boulogne, en présence des gentlemen qui y abondaient, de nombreuses expériences. S'il en faut croire la chronique, M. *Smith*, le riche fermier, serait venu à Boulogne alors... Ainsi du moins l'a-t-on prétendu chez nous Français, toujours jaloux de revendiquer des titres de priorité, même quand la preuve faite doit tendre à prouver que nous ne savons pas risquer à temps des essais sérieux et *persévérants*. C'est d'ailleurs pour être exacts que nous avons fait ce récit, car déjà nous avons dit, en le motivant, combien peu nous attachions d'importance à l'idée de la propulsion par la vis, ainsi comprise et limitée ; mais toujours est-il que l'*aube Sauvage* se *composait*

* Cette remarque est si vraie, qu'en France Smith ne résisterait pas à une attaque en déchéance.

d'un tour entier de filet héliçoïdal, placé parallèlement aux *œuvres mortes* du navire.

Cependant *le* 31 *mai* 1836, *M. Smith* prend une patente *pour un propulseur perfectionné.*

« La nature de mon invention consiste, dit-il, en une sorte de vis ou filet, destiné à « tourner rapidement sous l'eau, dans une capacité ouverte, pratiquée dans cette « partie de l'arrière d'un bâtiment, communément appelée *le bois mort* de l'arrière...

« Un large filet de vis *en bois* est enroulé autour d'un axe...

« Le propulseur peut être exécuté *en bois, en tôle de fer,* ou en toute autre matière « convenable, composé d'un plus grand nombre de filets. »

Il se réserve d'ailleurs de varier les angles de ces filets avec la ligne d'axe de la vis.

Il termine en disant : « Je réclame le propulseur ci-dessus décrit, soit que je le dispose « *seul,* dans une ouverture pratiquée dans le bois mort, soit que j'en emploie deux semblables, placés de chaque côté du bois mort, soit que je le dispose autrement *plus en* « *avant, ou plus en arrière, ou moins plongé dans l'eau.* »

Nous joignons à notre travail une copie du dessin joint à la patente Smith, en faisant remarquer que nous avons conservé rigoureusement les proportions données par l'auteur.

Sans insister sur le parallèle entre l'idée de M. Sauvage et celle de M. Smith, nous nous bornerons à constater :

1° Que *la vis Smith est* ESSENTIELLEMENT *composée de* UN *ou* PLUSIEURS *filets de vis,* CHACUN D'EUX SE DÉVELOPPANT SUR UNE LONGUEUR D'AXE ÉGALE A DEUX PAS;

2° *Que la longueur occupée par l'appareil,* dans le dessin annexé à la patente Smith, *est au moins la septième partie de la longueur totale du navire,* soit 7^m^,00 pour un navire de 49^m^,00. Notons que cette longueur relative du propulseur annule *de fait* la réserve de le placer un peu plus en avant, ou un peu plus en arrière.

Ces remarques, si vous voulez, Messieurs, les rapprocher des considérations que nous avons développées en abordant cette troisième partie de notre travail, *suffisent pour nous dispenser d'essayer soit un jugement sur la valeur réelle et pratique de la patente Smith, soit un parallèle entre le propulseur de Smith* A SON ORIGINE, *et celui d'Ericsson.* Si nous devions nous arrêter ici, en ce qui concerne Smith, vous ne comprendriez pas que son propulseur ait été par nous séparé du menu fretin de la propulsion héliçoïdale. Patience! Il nous reste à voir ce que peut la persévérance britannique, appuyée sur des capitaux puissants, flanquée d'une forte dose d'amour-propre et de nationalité vivement excités.

En effet, Smith ayant habilement exploité la publicité, la réclame, les relations, une société puissante va se former. La nation anglaise comprendra bientôt et instinctivement, combien grand est l'intérêt qui s'attache à rendre praticable, coûte que coûte, un propulseur sous-marin. Une première expérience sera tentée à grand bruit, à grands frais; on baptisera du grand nom d'*Archimède* le navire mis en chantier pour y adapter le propulseur, et de prime-saut, l'œuvre proposée par Smith prendra couleur d'œuvre nationale. Mais le jour des expériences viendra enfin, et alors en présence *du livre de loch, de la soute au charbon*, il faudra reconnaître, sinon avouer, que *l'Archimède* est un *loup véritable*, et se lancer dans la voie des modifications.

Mais aussitôt que Smith a sonné son premier signal, Ericsson (cet actif et ingénieux Suédois dont nous voudrions pouvoir vous raconter la vie), pense, calcule, invente, et, *six semaines écoulées à peine*, il fait patenter le propulseur qui est au débat, celui que nous réclamons, celui qu'il a maintenu, que nous avons maintenu invariable dans son essence, pour ne modifier que des détails de construction plus ou moins insignifiants. *Nécessité de* RÉDUIRE, *autant que possible, la longueur du propulseur, mesurée dans le sens de l'arbre*, DE LA FRACTIONNEMENT DE LA SURFACE DE PROPULSION; *inconvénients du frottement*, DE LA ÉVIDEMENT CENTRAL; *nécessité d'un libre dégagement pour l'eau dès qu'elle a reçu l'action du propulseur, afin d'éviter à l'avant de cet organe les remous et perturbations des filets liquides*, DE LA DISPOSITION DES FRACTIONS D'HÉLICE AVEC VIDES INTERMÉDIAIRES. Six semaines avaient suffi à Ericsson pour deviner tout cela, c'est-à-dire pour résoudre un problème des plus compliqués et tout nouvellement posé.

Toutefois il importe de fixer par quelques dates et quelques faits la marche des deux antagonistes.

Après avoir fait des essais avec un petit modèle lancé et promené dans le bassin d'une propriété particulière, Ericsson, en mai 1837, installe son propulseur sur un petit steamer de la puissance de 10 chevaux, le *Francis Ogden*, et expérimente sur la Tamise. Les lords de l'amirauté assistent avec une magnifique indifférence, et se retirent en donnant à Ericsson des témoignages de compassion.

Smith, cette fois le dernier, lance et promène un bateau d'essai poussé par son propulseur, le 20 septembre 1837. Pour être vrais, nous devons dire que cette tentative fut jugée ridicule par les hauts barons de la marine anglaise.

En 1838, Ericsson construit en Angleterre *le Robert Stockton*, et après avoir tenté vainement de vaincre la répugnance de l'amirauté, il passe en Amérique, où il construit, pour la marine des États, *le Clarion*, qui prend la mer en octobre ou novembre 1840.

Smith, dépassé une fois encore par Ericsson, dans l'application en grand de son appareil, ne put lancer *l'Archimède* qu'en 1840, et le premier essai eut lieu le 21 avril.

Au propulseur de la patente, composé de deux tours complets du filet héliçoïdal, on substitue d'abord une vis à deux filets, chacun d'eux composé d'un tour entier de l'hélice, puis de deux demi-tours seulement.

Grâce à une légère amélioration dans la marche du navire ainsi réalisée, et surexcité en outre par le récit des succès obtenus en Amérique par Ericsson, naguère dédaigné, l'Anglais, jaloux de conserver sa supériorité navale, s'anime au perfectionnement du propulseur Smith, et la marine royale entreprend des expériences importantes, pendant que la compagnie Smith, de son côté, s'évertue à mieux faire. Déjà quatre de ses bâtiments en service sont munis du système primitif modifié, c'est-à-dire composé actuellement de 2, 3 et 4 filets, chacun de 1/2, 1/3, 1/4 de tour, et réduit, de longueur, dans une proportion correspondante, mais cependant toujours inférieur pour la marche et le rendement en effet utile, aux résultats déjà nombreux et bien connus des navires construits par Ericsson en Amérique. Or, Messieurs, cette infériorité a duré jusqu'à l'instant où, contraint et forcé, l'on a compris enfin qu'il fallait adopter le système Ericsson dans sa partie capitale, *c'est-à-dire disposer les fragments héliçoïdaux de telle sorte qu'un espace vide restât ménagé entre deux fragments héliçoïdaux consécutifs.*

En effet, vers 1843, la compagnie Smith construit *le Great-Britain*, de 1,000 chevaux. La marine royale anglaise installe *le Rattler*, de 800 tonneaux. La marine royale française, arrachée enfin à son incroyable sommeil, commence d'abord par fouiller dans ses cartons, où elle rencontre le Mémoire Delisle, dont nous parlerons bientôt; elle compulse le recueil des brevets, où elle rencontre bon nombre de systèmes à hélice, tous défectueux au moins autant que le système Smith primitif. Heureuse enfin de trouver chez elle quelque chose à peu près rationnel, elle exhume le brevet Sauvage, et, avant toute chose, commence à perdre son temps en une guerre de plume et de dates. Cependant on construit le paquebot-poste *le Napoléon*, et des essais de propulseurs divers sont faits sur ce navire, de janvier à mars 1843.

En 1844, *le Great-Britain* a pris la mer avec *une hélice, dite du système Smith.* Or, Messieurs, le propulseur du *Great-Britain*, VOUS LE CONNAISSEZ!! *Prenez, en effet, celui du* PRINCETON (voy. fig. 3), *supprimez le cercle, le détail de construction que vous savez, et vous aurez l'hélice du Great-Britain, toujours* DITE *système Smith.* Seulement le constructeur, en supprimant le cercle, a oublié d'augmenter l'épaisseur des branches, si bien que *le Great Britain* rentre au port, boiteux, éclopé; de ses six ailes, cinq ont été brisées dans le voyage.

Quant au paquebot de la marine royale *le Rattler*, de nombreuses expériences sont tentées; on coupe, on recoupe, on coupe encore, et, *après douze essais sucessifs* (pour ne parler que de la catégorie des essais faits avec le système dit Smith), essais dans lesquels l'élimination et le recoupage faisaient leur office, on arrive à un propulseur QUE VOUS CONNAISSEZ!! *celui de notre fig. 4, moins le cercle.* La fig. 20 est destinée à vous faire apprécier le genre d'opérations successivement pratiquées par Smith, sur les propulseurs d'essai du *Rattler*.

Que si nous avions à faire de l'histoire, au lieu d'une discussion de propriété, nous aurions dû vous dire que, de 1836 à 1844, de nombreuses patentes avaient été prises en Angleterre, qui toutes ou presque toutes ont fait à Ericsson et à Guébhard des emprunts à peine déguisés. Mais qu'importe! En sage soldat, nous n'avons voulu combattre qu'un ennemi à la fois et, grâce à vous, le jour viendra où nous pourrons aller régler nos comptes par delà le détroit.

Quant au *Napoléon*, Messieurs, vous consulterez nos figures 8, 9, 10, 11, 12, 14; avec elles, vous apprécierez la valeur de l'évidement qui est la propriété d'Ericsson, car vous le verrez grandir successivement dans le prétendu système Smith, à travers des essais de formes plus ou moins singulières, mais que rien ne justifie. Enfin la figure 13 débarrassée, par l'artifice des lignes ponctuées, des accessoires de fantaisie, et comparée à la figure 14, celle-là même qui reproduit exactement l'hélice qui a figuré à l'exposition de 1844, vous montrera que *le propulseur du Napoléon est parent à un degré très-rapproché de notre figure 4*.

Avant de quitter la patente Smith, que les fig. 21 et 22 achèveront de vous faire connaître, avant de tenir pour rendu à son véritable auteur ce système que certains auteurs français veulent encore aujourd'hui appeler le système Smith, c'est-à-dire l'hélice du *Great-Britain* et du *Napoléon*, par exemple, nous ne devons pas négliger de répondre à un argument de notre honorable contradicteur. Voici ce dont il s'agit:

Dans un *memorandum* pris en 1839, Smith avait cru devoir réclamer l'*usage exclusif de deux demi-tours de vis et le droit de les placer dans le bois mort*. Notre fig. 23 vous montre la disposition correspondante au memorandum de 1839, et vous déciderez si, comme l'a prétendu notre adversaire, la place occupée par le propulseur, soit dans la fig. 21, soit dans la fig. 23, peut être assimilée à la position que nous réclamons, *en arrière de l'étambot*. A ce sujet encore, notre confiance est telle, qu'à peine réclamerons-nous ici contre cet abus du fractionnement de la propriété industrielle que déjà deux fois nous avons eu à signaler. Nous ajouterons enfin qu'un procès entre Smith et Steinmann (ce dernier qu'il faut compter parmi ceux qui ont glané dans le champ semé par Ericsson), jugé à Londres dans ces dernières années, a donné gain de cause à Steinmann, en déclarant que la signification des mots : *bois mort*, ne devait pas être étendue jusqu'à l'étambot.

MÉMOIRE DU CAPITAINE DE GÉNIE DELISLE.

Au début de cette troisième partie de notre travail, nous avons rappelé que nous avions spontanément et avec douleur cru devoir introduire au débat un système de propulseur héliçoïdal et sous-marin, proposé en 1823 par le capitaine Delisle. Il est temps de justifier des causes trop réelles, soit de cette spontanéité, soit de ce chagrin.

La figure 17 est la reproduction exacte du propulseur Delisle; elle montre que, loin d'imiter les hâtifs preneurs de brevets, qui ne se donnent pas le temps de mûrir et de discuter une idée, M. Delisle avait senti avec une profondeur de vues bien remarquable, que la seule idée de l'emploi de l'héliçoïde comme moyen de propulsion était insuffisante. Il avait compris et deviné, comme Ericsson, que la quantité de surface propellatrice nécessaire, ne pouvait, sans les plus graves inconvénients, être employée avec son développement normal, et conséquemment il avait divisé la longueur de l'hélice correspondant au pas entier, en cinq segments égaux. Ainsi, il s'était vu conduit à un propulseur dont la longueur mesurée suivant l'axe, était seulement égale à la cinquième partie du pas. De plus, le capitaine Delisle avait compris encore qu'en conservant la partie centrale de la surface héliçoïde, il augmentait inutilement et d'une façon très-nuisible au rendement du moteur, le travail de frottement. Pour atténuer ce désavantage inhérent à l'emploi du propulseur héliçoïde, il avait proposé d'évider le propulseur dans sa partie centrale, en donnant à ce vide pour diamètre la moitié du diamètre extérieur du propulseur. *Ces deux idées sont, à notre sens, des éclairs de génie*, et l'on comprendra le chagrin de celui qui, comme nous, est appelé à recueillir les fruits du propulseur Ericsson, quand il peut craindre que ces deux éclairs aient brillé en vain aux yeux d'Ericsson, si, dans votre haute et loyale impartialité, vous ne deviez pas reconnaître et constater que, dans l'espèce, *le capitaine Ericsson n'a pu avoir connaissance du propulseur proposé en* 1823 *par le capitaine Delisle*. Mais, après examen et preuves données, vous resterez convaincus. Le Mémoire Delisle, enfoui dans les cartons du ministère de la Marine vingt années durant, et jadis tiré à quelques rares exemplaires pour une obscure académie de province, n'a pas dû venir à la connaissance d'un Suédois qui, n'ayant jamais vu la France, et fixé depuis longtemps en Angleterre, absorbé par les travaux les plus continus, dévoré par une richesse et une surabondance d'idées de constructions mécaniques, presque toutes neuves et profondément originales, n'a jamais glané les idées d'autrui, parce qu'il est au nombre de ces rares hommes qui portent tout en eux-mêmes. De même que nous n'avons pas hésité à rendre à M. Delisle un hommage éclatant, parce qu'il est profondément senti, de même il nous sera permis de dire avec conviction les points qui laissent le propulseur Delisle bien loin encore derrière celui d'Ericsson, et qui sont assez nombreux, assez importants, pour que si, contre toute prévision, nous devions être dépouillés de notre droit à deux chefs considérables, alors encore il nous resterait des droits privatifs surabondants.

1° M. Delisle a cru devoir armer la face de son propulseur exposée aux chocs du liquide, par un système de pièces de fer arc-boutées, dont l'effet serait de briser la veine liquide et d'augmenter d'une manière éminemment nuisible à l'effet du moteur, les réactions mutuelles, les bouillonnements, les remous du liquide.

2° La longueur du propulseur Delisle est encore beaucoup plus considérable que celle du nôtre, à égalité de surface de propulsion, et c'est là une cause de consommation de puissance motrice.

3° La projection de cet appareil sur un plan perpendiculaire à l'axe, offre une partie essentiellement pleine sur toute l'étendue de l'anneau projeté, inconvénient des plus graves encore et capable de diminuer le rendement du moteur.

4° Enfin M. Delisle a été assez mal inspiré pour se croire obligé à encombrer les flancs de son navire par quatre propulseurs identiques, desquels, deux sont situés à l'avant et deux à l'arrière, et à les fixer en place par un équipage de chaînes assez compliqué. Ainsi, même avec M. Delisle accepté, contre toute espérance, comme ayant reçu une publicité suffisante pour absorber tous droits privatifs sur les deux chefs qu'il partage avec nous, toujours est-il que nous restons seuls sur le terrain de l'évidement entre deux aubes consécutives, et sur le chef non moins important d'un arbre unique placé dans le plan méridien du navire, passant à travers l'étambot. Qu'on se figure, en effet, ce que devraient être, dans le navire de M. Delisle, les transmissions de mouvement, les dispositions du moteur, et on arrivera peut-être à les croire difficilement praticables.

Notre propriété ainsi défendue et réservée, nous rendons du fond de notre conscience hommage au système de M. Delisle. Son mémoire, que nous nous sommes procuré, après plusieurs années de recherches, prouve que cet officier, après avoir deviné, treize ans avant tout autre, la révolution que doit produire la propulsion héliçoïdale dans les relations internationales, avait deviné quelques-uns des termes les plus élevés de la solution. Aussi lorsqu'on lit, dans cet écrit, l'avenir promis à la nation qui aurait su la première, et treize années avant toute autre, toucher le but au prix de quelques expériences judicieuses, on est douloureusement impressionné en pensant que cette grande idée, ce beau germe près d'éclore, est allé mourir dans un carton.

Un jour, vingt années environ après cet enfouissement impardonnable, le mémoire Delisle est retrouvé, et ceux qui le lisent, ou mieux qui le regardent, viennent écrire, imprimer, proclamer une sentence profondément inique : « Le système Ericsson est « de tous points semblable à celui proposé par le capitaine Delisle, » disent-ils. Le trait de plume d'un liseur superficiel, jeté en 1842, est répété, aggravé en 1843, par un officier de la marine française, importé en Angleterre, réimprimé en France en 1845, dans l'écrit, remarquable d'ailleurs, d'un autre jeune officier de marine qui, sauf cette injustice d'emprunt, et qui ne lui doit pas être imputée, apprécie noblement les travaux de M. Ericsson. Enfin, et puisque c'est le devoir de la défense de tout dire, la légèreté s'est laissé entraîner jusqu'aux apparences du faux matériel, à ce point que nous pourrions montrer du doigt la page où l'on trouve gravée notre figure n° 2 avec une indication disant : propulseur Delisle. Que l'on compare la figure 2 avec la figure 17, et l'on croira avec nous, qui défendons une fortune considérable engagée dans cette affaire, que la plume légère peut faire de cruelles blessures.

Pour que notre examen critique ait été étendu à tous les documents que notre contradicteur nous a daigné communiquer avec une convenance et une loyauté dont nous ne saurions trop le remercier, il nous reste à parler d'un extrait du recueil anglais, *Mechanic's Magazine*, 3 juin 1837. Voici les phrases essentielles de cette communication :

« Le paquebot américain *le Toronto*, du port de 650 tonneaux, tirant 14p 9° d'eau a « été remorqué sur la Tamise à une vitesse de 4 1/2 nœuds à l'heure, contre vent et « marée, au moyen d'un bateau d'essai appelé *le Francis Ogden*, armé du propellateur, récemment patenté au profit de son inventeur le capitaine Ericsson....... Le « propellateur est placé en poupe et agit complétement immergé. Il consiste dans une « application spéciale du principe ancien et bien connu de la vis nautique.......... La « vitesse de 4 1/2 nœuds a été atteinte avec un appareil n'ayant que 5p 2° de diamètre « et 2p 2° de large.... Le nouveau propellateur consiste en deux cylindres étroits en fer « forgé, supportés par *des bras d'une forme particulière*, les deux cylindres complétement immergés et combinés de manière à marcher en sens contraire, autour d'un « centre commun. Sur la surface extérieure de la circonférence, sont fixées des palettes « en spirales, lesquelles, *d'après ce que nous avons cru comprendre*, peuvent être « placées à différents angles..... »

Telle est, *en tout ce qui touche le propulseur*, la publication que l'on prétendrait nous opposer, comme suffisante pour annuler notre brevet d'*importation* et de *perfectionnement*, pris quatre mois plus tard.

Disons d'abord que ce brevet est régi par la loi de 1791, qui accordait des droits privatifs à l'importation d'une invention étrangère *ayant déjà reçu un commencement de publicité*, POURVU QU'ELLE NE FUT PAS EXPLOITÉE COMMERCIALEMENT. Mais encore, faisant si l'on veut abstraction pour un instant du bénéfice de la loi qui nous est acquis par les termes que nous avons mis en relief, on peut dire, sûr d'être appuyé par quiconque aura voulu nous lire dans tout ce qui précède, que le lecteur le plus attentif, le plus perspicace, sera loin, bien loin d'y trouver des indications suffisantes, non pas pour reproduire, mais seulement pour comprendre le propulseur Ericsson, et distinguer par quels principes ou quelles dispositions il est différent de la foule nombreuse (nous l'avons dit déjà) des *vis nautiques* proposées de 1787 à 1836. Ainsi, *recel* de la forme et du nombre des bras, *recel* de la vraie disposition des palettes, *recel* de l'évidement entre les palettes successives, le lecteur induit en erreur par l'indication insuffisante de palettes placées à différents angles, *recel* de la vitesse différente pour chacune des

4

deux roues, *recel* de la position et de la disposition de l'arbre, de son mode de liaison avec le bateau, *recel* du percement de l'étambot, *recel* du mouvement direct..., etc., etc. Puis, comme pour couronner l'œuvre de malice, *si l'on s'avise avec les mesures ou cotes, indiquées dans la citation, de vouloir traduire la description en dessin, on arrive à la fig.* 20. *Voyez et jugez!*

Nous pourrions, sans trop de confiance, croire renversée l'argumentation qui doit jaillir de ce document sous la plume de notre contradicteur, ou de la bouche du conseil judiciaire des défendeurs; ce n'est pas tout pourtant : car, allant plus loin, nous croyons que nos adversaires ne voudront pas appeler le *Mechanic's Magazine* du 3 juin 1837 à leur secours. Cette arme les blesserait profondément, puisque elle les obligerait à soutenir que *la publicité, telle qu'elle résulte de l'article du journal précité, est suffisante.* Or, cela dit, que devient tout l'échafaudage préparé contre l'insuffisance de nos brevets, même avec leurs figures?

Mais avant de quitter l'article relatif au remorquage du *Toronto*, permettez-nous, Messieurs, de risquer une hypothèse, et vaille que vaille, la voici : Pour être Ericsson (soit : un inventeur de génie), on n'a pas moins quelquefois le désir de voir fructifier commercialement ses idées, et lorsqu'un essai a brillamment confirmé les espérances conçues dans la fièvre de l'invention, on cherche de par le monde un recueil périodique auquel on confie quelques détails, que l'on arrange et que l'on dispose, honorables et exacts au fond, mais clairs assez pour attirer l'attention, obscurs assez par contre, pour qu'un habile guetteur y soit dérouté. C'est une hypothèse, nous l'avons dit, mais elle frise la réalité, croyez-nous; car cet article du *Mechanic's Magazine* a produit nos relations avec Ericsson. Enfin si, en désespoir de cause, on devait prétendre que l'essai sur la Tamise équivaut à la publicité complète, nous répondrions encore avec une *hypothèse-vérité* : Ericsson savait, à priori, que la Tamise est très peu limpide, et qu'une roue de cinq pieds peut se démonter matin et soir, à la nuit, être emportée et rapportée sous le manteau.

Voici donc terminé ce long travail de critique, voire même de réfutation anticipée, et puissiez-vous, Messieurs, ne pas vous être trop fatigués à nous suivre.

§ IV. Parallèle des propulseurs ou Arbre généalogique.

Frappez la pensée, frappez les yeux!

De ces deux préceptes, nous avons voulu mettre le premier en pratique jusqu'à cet instant; les pages qui suivent vont tenter l'usage du second. Pour rester dans l'esprit qui a dicté le titre de cette quatrième partie, nous avons disposé les croquis qui suivent, en conservant aux divers propulseurs successivement figurés un même diamètre extérieur. Inutile de dire, Messieurs, que c'est là une sorte d'artifice que nous avons cru utile à notre cause, sans nous dissimuler qu'il enlève aux propulseurs représentés tout caractère de comparabilité sous le rapport de la quantité de surface de propulsion, et sous d'autres encore; mais cela nous a semblé indifférent au débat, puisque les termes de nos brevets ont réservé pour chaque cas de l'application les calculs à faire sur les dimensions du propulseur, eu égard au navire qu'il doit propeller. L'unique remarque que nous ferons à ce sujet, c'est que le propulseur primitif d'Ericsson, à huit aubes, sous la condition d'un diamètre égal et d'un même nombre de révolutions, fera marcher, avec la même vitesse, un navire d'un tonnage plus considérable que le propulseur à quatre branches du *Comte d'Eu*, par exemple.

Ou bien encore, changeant les données : à égalité de surface propellatrice, pour un même nombre de révolutions, avec même vitesse de translation, le propulseur à huit branches aura un moindre diamètre que celui du *Comte d'Eu*, il exigera donc un moindre tirant d'eau.

Ou bien enfin, ce même propulseur à huit branches, *sous la condition imposée d'un tirant d'eau déterminé*, pourra produire la même force propellatrice, la même vitesse de translation, en accomplissant un nombre de révolutions bien moindre que n'en devra opérer dans le même temps le propulseur à quatre branches. De là, possibilité du *mouvement direct*, c'est-à-dire liaison sans intermédiaire, sans transmission de mouvement entre le moteur et le propulsenr. C'est un avantage capital du système d'Ericsson, et tout particulièrement spécial à cet auteur, un autre *éclair de génie*.

Maintenant, nous laissons parler les figures, en avouant qu'il nous en coûterait de renoncer à l'espoir qu'elles jetteront dans vos esprits une conviction puissante en notre faveur.

ERICSSON, à Londres,
le 13 juillet 1836,

et

GUÉBHARD, à Paris,
le 22 novembre 1837.

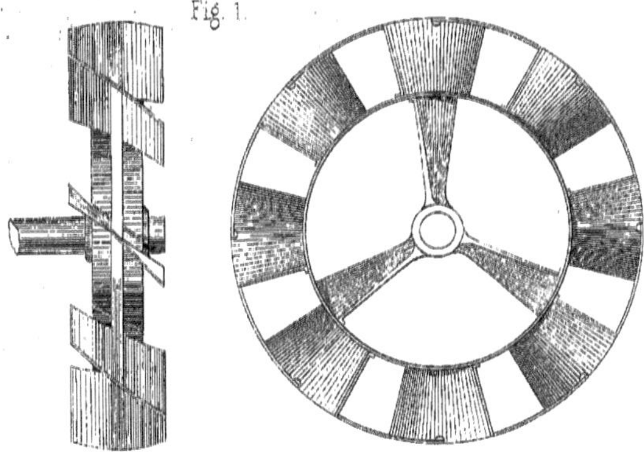

Fig. 1.

L'ingénieur anglais *Galloway* a publié à Londres, en 1842, un appendice à une nouvelle édition de l'ouvrage de Tredgold sur la machine à vapeur et la navigation à vapeur. Dans cet appendice, on trouve la figure ci-contre comme représentation du propulseur Ericsson. Galloway assigne à tort l'année 1838 pour date d'origine à la patente d'Ericsson.

Cette figure représente d'ailleurs le propulseur adopté par Ericsson, au paquebot *le Robert Stockton*, construit en Angleterre de 1837 à 1838.

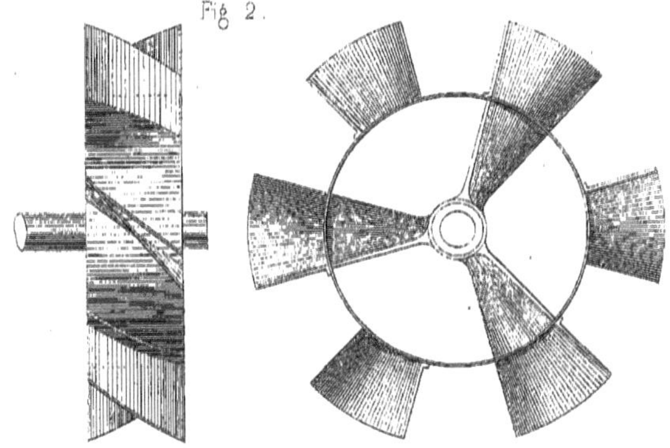

Fig. 2.

En 1842, la marine des États-Unis s'enrichit du navire le ***Princeton***, dont les machines et le propulseur ont été construits sur les plans fournis par Ericsson, et dont les essais ont fait grand bruit alors. La figure ci-contre représente le propulseur du ***Princeton***.

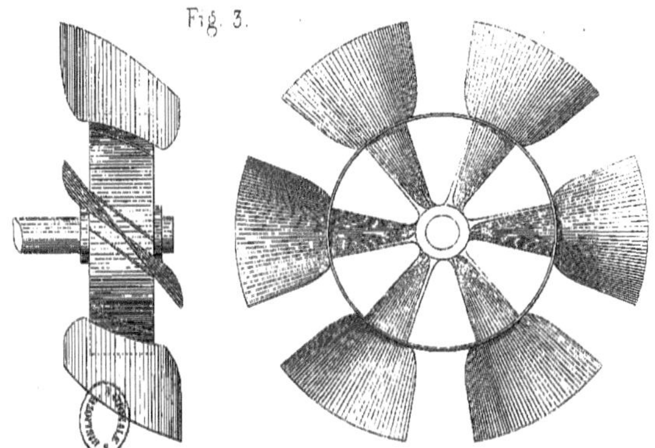

Fig. 3.

Lith. de Thierry frères.

La spécification du brevet principal de Guébhard a laissé, à dessein, le nombre des bras et des aubes indéterminés.

Donc Guébhard pouvait construire, dès 1837, le propulseur à quatre aubes et à quatre bras représenté ci-contre, en restant *rigoureusement* dans tous les termes de son brevet et de la spécification qui l'accompagne.

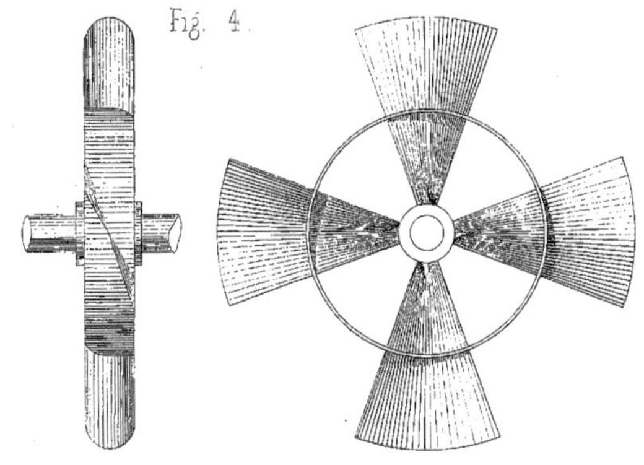

De même Guébhard, par sa prise de brevet en 1837, s'est constitué des droits privatifs sur un propulseur à six branches, pareil à celui représenté ci-contre. Il serait superflu d'ailleurs de faire ressortir l'analogie complète entre cette figure et celle qui représente le propulseur du *Princeton*.

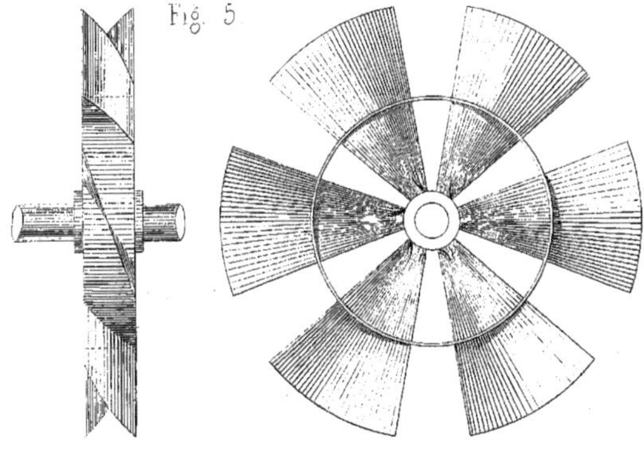

Les figures A et B sont extraites du certificat d'addition demandé par Guébhard en août 1845.

Si l'on considère ensemble les figures A et C, on rentre complètement dans la fig. 4, qui est la propriété de Guébhard depuis le mois de novembre 1837, sous condition de la suppression du cercle « aussi léger que possible », simple détail de construction ainsi que nous pensons l'avoir démontré.

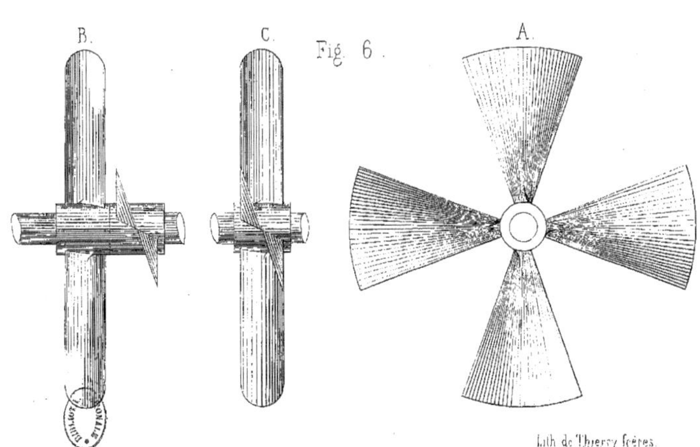

Lith de Thierry frères.

s figures A et B sont ex-
s du certificat d'addi-
e Guébhard, août 1845.
'on considère ensemble
gures A et C, on rentre
létement dans la fig. 5,
st la propriété de Gué-
l depuis novembre 1837,
a suppression du cercle,
e détail de construc-

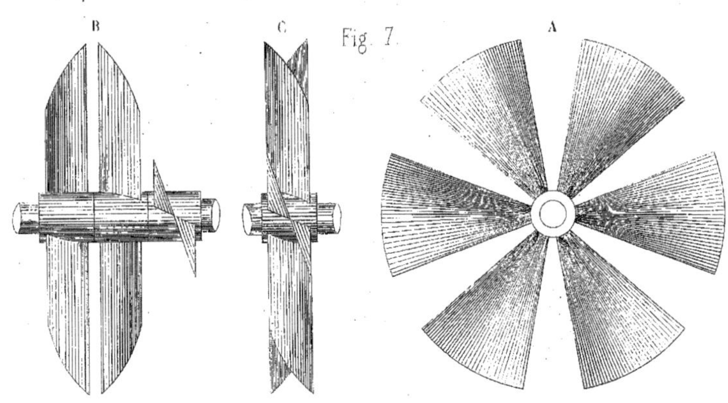

re hélice essayée sur le paquebot-poste *le Napoléon*.

—

Expériences des 25, 26 janvier et 14 février 1843.

—

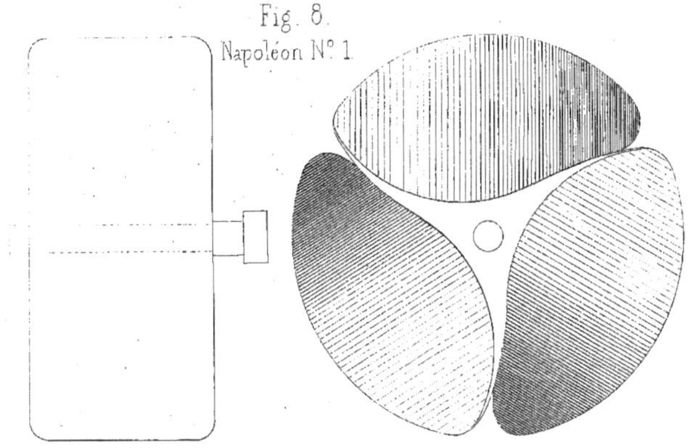

2e hélice essayée sur *le Napoléon*.

—

ériences des 20, 24 février et 6 mars 1843.

—

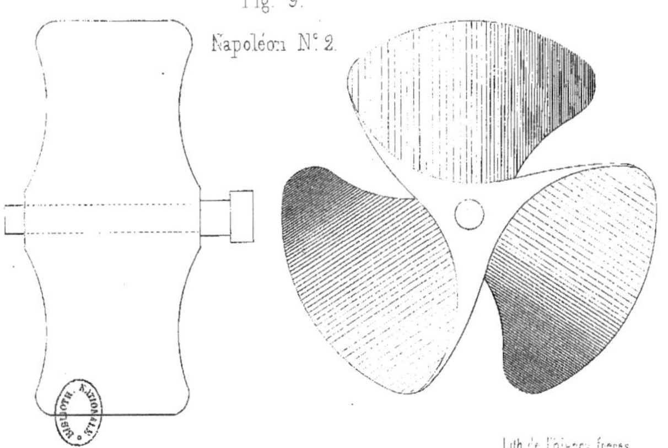

Lith de Thierry frères

3e hélice essayée sur *le Napoléon*.

—

Expérience du 17 mars 1843.

—

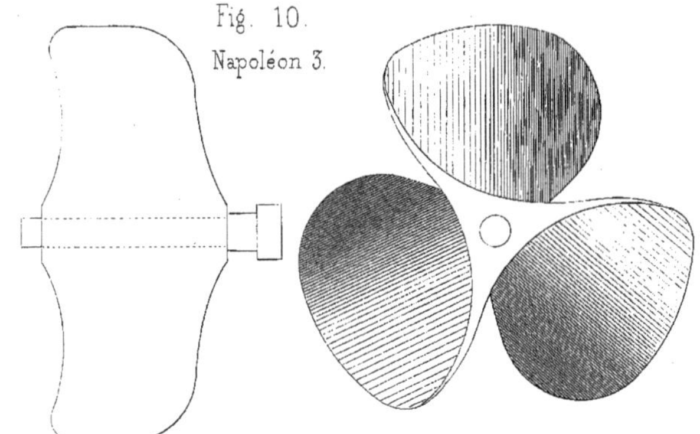

4e hélice essayée sur *le Napoléon*.

—

Expérience du 22 mars.

—

A peine est-il nécessaire de faire remarquer avec quelle évidence les figures 8, 9, 10, 11, 12 montrent que les expériences faites sur *le Napoléon* étaient conduites sous les seules lois de l'incertitude, du hasard, du tâtonnement.

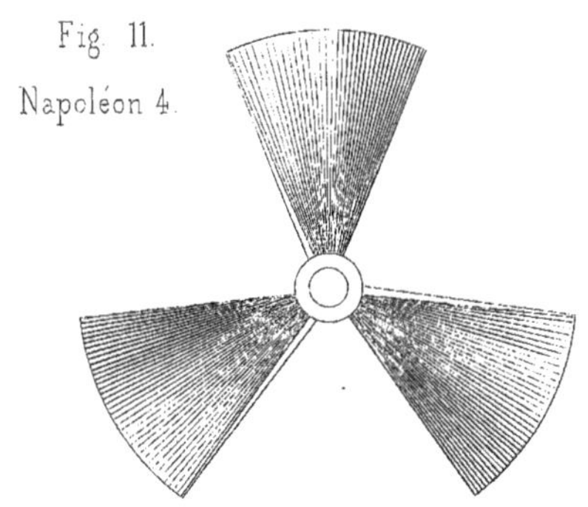

5e hélice essayée sur *le Napoléon*.

—

Expérience du 28 mars 1843.

—

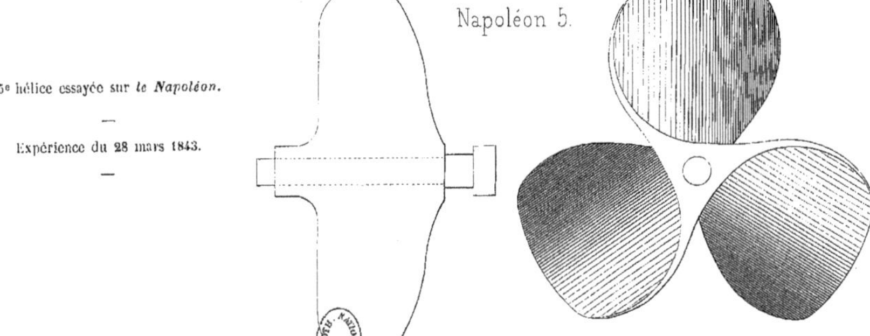

Lith. de Thierry frères.

Fig. 13.

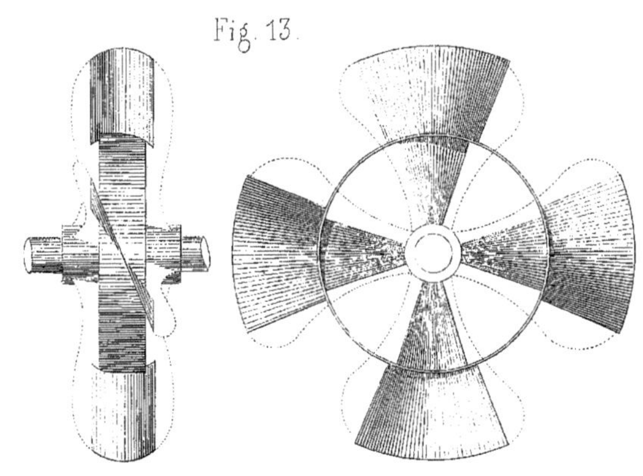

i l'on examine la fig. 13, *abstraction faite* *lignes ponctuées*, il est incontestable qu'elle re une analogie complète avec la fig. 4, pro-été de Guébhard depuis le mois de novembre 7.

i l'on supprime ensuite le cercle « aussi léger possible », simple détail de construction, et 'on accroît les surfaces héliçoïdales qui consti-nt les aubes et les bras, de manière à remplir pace limité par les lignes ponctuées, on ob-it l'hélice définitive du *Napoléon*.

Hélice du Napoléon qui a figuré à l'exposition de 1844.

Fig. 14.

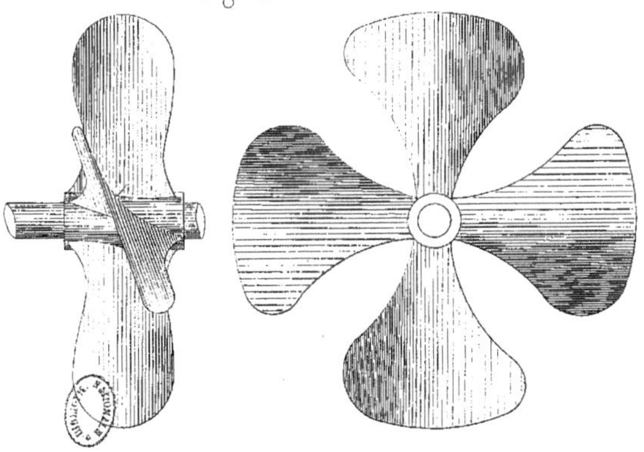

e rapprochement des fig. 13 et 14 nous semble ment significatif, que nous pensons devoir s dispenser de tout commentaire.

insi *la série d'expériences faites à grand* *as sur* le Napoléon, *aboutit à une contrefa-* *manifeste du propulseur Guébhard, à* *e déguisée sous le vague de contours bi-* *rement irréguliers, que rien ne motive.*

otez de plus que le propulseur définitif n'a un rapport avec les cinq propulseurs d'essai.

Lith. de Thierry frères

Fig. 15.

Si l'on fait abstraction des lignes ponctuées, nous reconnaissons la fig. 4, propriété de Guébhard depuis novembre 1837.

Supprimant ensuite le cercle, et effectuant les raccordements que représentent les lignes ponctuées, on obtient le propulseur du *Comte d'Eu*.

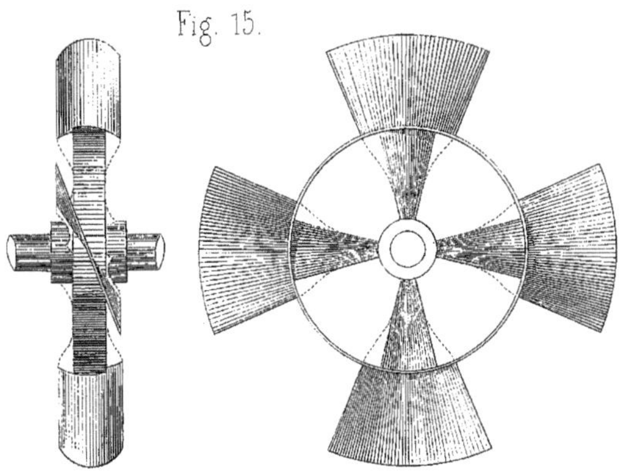

Hélice du Comte d'Eu, actuellement le Patriote.

Arguée de contrefaçon par Guebhard.

Fig. 16.

La fig. 16 comparée à la fig. 15.....
Là se résume le procès.

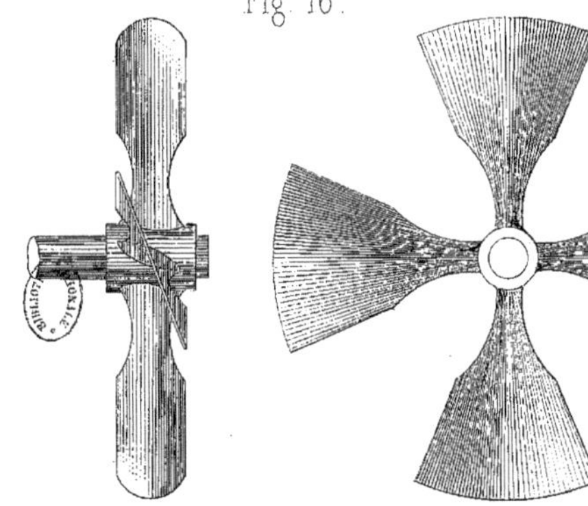

Lith. de Thierry frères

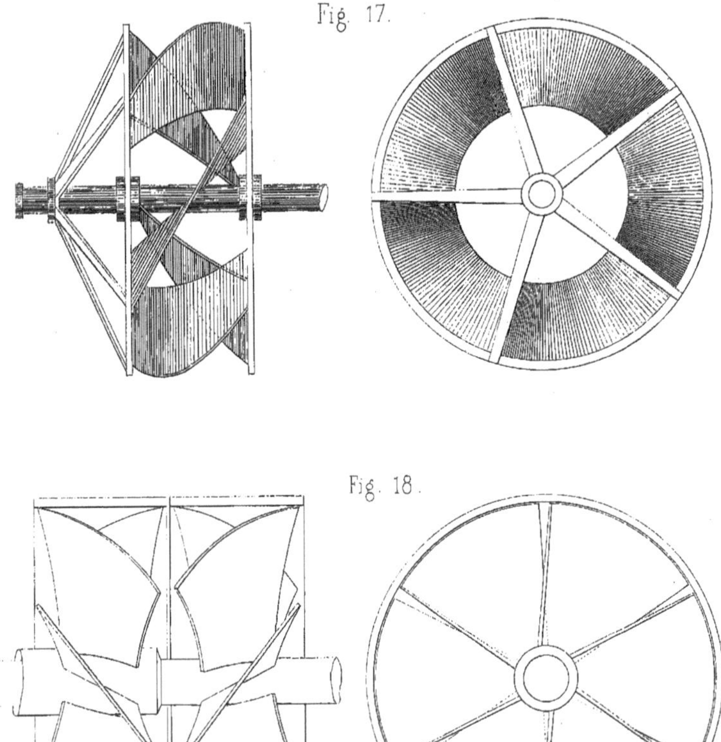

Fig. 17.

Cette figure représente le ... pulseur héliçoïde proposé ... le capitaine de génie ... lisle, en 1823.

Fig. 18.

Système proposé par le Dr ... urch.

Nous avons dû en faire un ... amen critique que l'on ... ut lire dans le cours de ... s observations.

Rien dans la patente de ... urch ne montre qu'il ait ... ulu la forme héliçoïde.

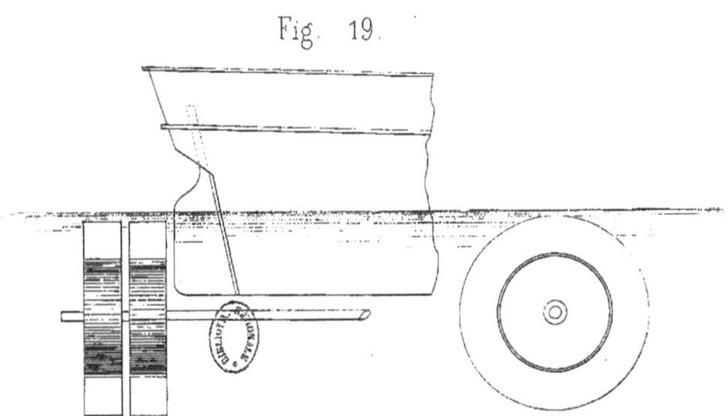

Fig. 19.

Un document communiqué par nos ... lversaires nous ayant fait penser ... u'ils songeaient à invoquer une pu- ... lication faite dans un journal anglais ... vant novembre 1837, il nous a semblé ... tile de déduire des termes de cette ... ublication le tracé géométrique ... u'elle annonce, laissant à MM. les ex- ... erts à conclure si cette figure peut ... uppléer le brevet Guébhard.

Lith. de Thierry frères.

Expériences sur le Propulseur à hélice le Rattler.

Fig. 20.

Extrait du *Mechanic's Magazine*, [nu]méro du 15 février 1845.

1843. Oct.re 29. Longueur 1m, 65. Diam. 2m, 85. Vitesse 7n, 750.
Novb.re 6. Long.r 0m, 90. Diam. 2m, 85. Vitesse 8n, 254.
Novbre 16 Long.r 0m, 60. Diam. 3m, Vsse 8n, 751.
Oct.re 17. 1844. Lr 0m, 38. Dtre 3m, Vse 9n, 893.

F E D C A B

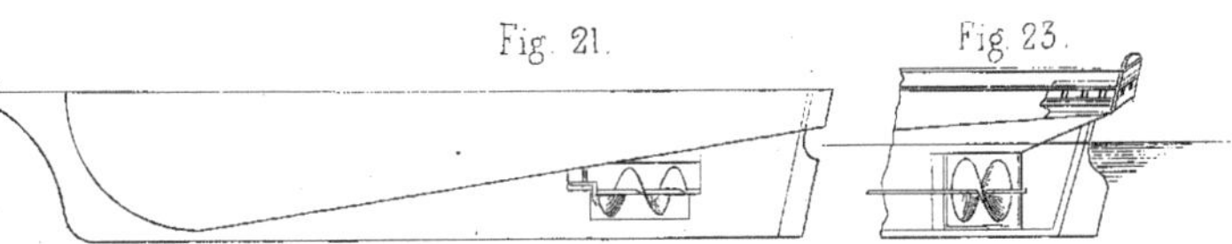

[]Les figures 21 et 22 ont été [em]pruntées au recueil an[gl]ais *the Repertory of pa[te]nt Inventions*, numéro [d']avril 1838, qui contient la [pa]tente Smith.

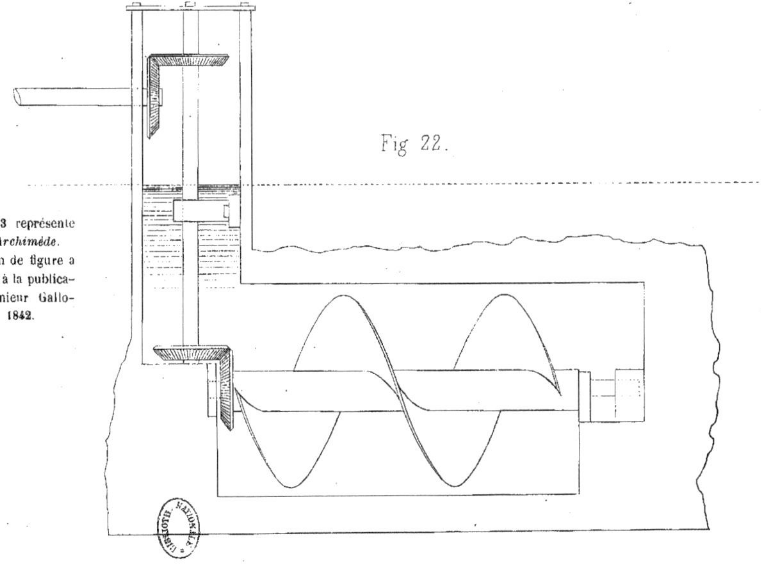

La figure 23 représente [l'ar]rière de *l'Archimède*. Cette portion de figure a [ét]é empruntée à la publica[tio]n de l'ingénieur Gallo[wa]y. Londres, 1842.

Lith. de Thierry frères.

§ V. Quelques citations relatives au propulseur Ericsson.

Avant de nous résumer, nous avions pensé qu'il pourrait être utile à notre cause de vous présenter par extraits les opinions que nous avons trouvé exprimées au sujet du propulseur Ericsson, dans plusieurs publications que nous avons dû étudier. Mais presque toutes étaient d'origine américaine : or, aux États-Unis, Ericsson que l'Angleterre avait superbement dédaigné, est rapidement devenu un homme considérable. La nation qui s'est enrichie de tant de beaux et puissants navires à propulseurs sous-marins, pendant les deux ou trois années que l'Angleterre consacrait aux pénibles expériences que nous avons indiquées, s'est montrée magnifiquement reconnaissante vis-à-vis de notre auteur, et la presse américaine lui a prodigué des éloges qui peut-être vous eussent paru empreints de quelque exagération. C'est donc une sorte de sentiment de modestie qui nous a conduit à renoncer aux citations que nous voulions faire.

Nous nous bornerons à emprunter quelques phrases à un mémoire remarquable et intéressant à plus d'un titre, publié en 1845, par M. *Bourgois*, officier de notre marine nationale. Mais avant de citer, nous devons faire observer que, par une fatalité bien regrettable, M. Bourgois n'a pas eu une connaissance directe du mémoire de M. Delisle *, et qu'ainsi il a pu, il a dû peut-être, emprunter de confiance à une publication antérieure, cette imputation dont nous avons dû faire justice déjà et à regret, savoir : que le système Ericsson est en tous points semblable à celui proposé par le capitaine Delisle en 1823.

M. Bourgois s'est proposé, entre autres choses, d'étudier analytiquement l'*influence du fractionnement du pas*, et celle de *la valeur adoptée pour la fraction de la surface héliçoïde employée pour composer un propulseur*, en appelant surface *entière* celle qui, correspondant à un pas complet, s'étendrait le long d'une hélice entière. Faut-il redire ici que, si l'on emploie un héliçoïde fractionné, et une portion seulement de l'héliçoïde entier, on aura forcément des espaces vides entre deux fragments consécutifs, c'est-à-dire le *facies* qui caractérise le propulseur Ericsson.

A ce sujet, M. Bourgois dit quelque part :

* Remarquons en passant, combien ce fait *prouve l'insuffisance de la publicité jadis donnée au Mémoire Delisle*. Ainsi, un officier distingué fait sur la propulsion héliçoïdale un travail approfondi ; ce travail prouve que son auteur a cherché à s'éclairer auprès de tous les devanciers qui ont écrit sur la matière, et cependant il est évident qu'il n'a ni lu, ni vu le Mémoire Dolisle. Pour le démontrer, en effet, il suffit de dire qu'il prête au propulseur Delisle un tambour auquel celui-ci n'avait pas songé.

« Ces augmentations de recul sont dues à l'influence nuisible exercée mutuellement « par les branches, lorsqu'elles ne sont pas assez écartées les unes des autres. »

Nous ajouterons : Que sera-ce donc, quand cet écartement sera nul, comme dans la vis fractionnée de Delisle, comme dans la vis fractionnée de Smith? (celle de son memorandum de 1839).

Ailleurs M. Bourgois dit encore, sur le même sujet, page 44 :

« Il est évident que toute réaction des filets déviés les uns sur les autres, nuira à la « résistance *, et que si les branches sont assez rapprochées pour que leurs sphères d'ac- « tion se confondent en quelques points, la résistance sera moins grande que si, les « surfaces des branches restant les mêmes, leur distance venait à augmenter jusqu'à ce « que les faisceaux des filets déviés n'exerçassent plus d'action mutuelle. »

Ailleurs encore, page 48 :

« *Lorsque le pas est complet, les différentes branches exercent leur effort sur une eau* « *déjà troublée par celles qui les précèdent : à mesure que l'on diminue le nombre des* « *branches, cet effet s'atténue, et il arrive un moment où, les branches n'exerçant plus* « *d'influence réciproque, la résistance totale du propulseur est directement proportionnelle* « *à sa surface, et non plus à la puissance deux-tiers de cette surface, ainsi que nous* « *l'avons approximativement établi d'après les résultats des expériences.* »

Nous appelons d'une manière toute spéciale, Messieurs, votre attention sur cette phrase, car ELLE ÉTABLIT L'ÉNORME VALEUR DE CES ÉVIDEMENTS ENTRE LES FRAGMENTS CONSÉCUTIFS, qui sont la propriété incontestable d'Ericsson, sans partage possible, même avec le capitaine Delisle, et il nous est permis de croire que si M. Bourgois avait pu savoir qu'Ericsson avait, *le premier*, songé à utiliser pratiquement cette influence des évidements entre deux aubes successives, il lui eût noblement fait hommage de cette idée.

M. Bourgois dit, page 53 :

« La question de l'emploi du tambour proposé par M. Delisle, adopté par M. Ericsson..... »

Or, voyez la figure 17, celle que nous avons copiée fidèlement dans le Mémoire Delisle, et vous n'y trouverez pas de tambour; lisez le texte du mémoire, il n'y est pas parlé de ce tambour imaginaire. Toutefois, hâtons-nous de le dire, la bonne foi de M. Bourgois a été surprise : dans l'impossibilité de se procurer le mémoire de M. Delisle, celui qu'un miracle presque a seul pu mettre en nos mains, il a cru sur parole un auteur trop léger, celui qui s'est emparé de notre figure 2, pour représenter le propulseur Delisle, ainsi que déjà nous avons dû le remarquer.

M. Bourgois dit, page 64 :

« Le système de propulsion adopté par M. Ericsson, et appliqué par lui à une

* C'est-à-dire à la cause de propulsion.

« soixantaine de navires aux États-Unis, est de tous points semblable à celui que « M. Delisle, capitaine de génie..... »

Nous avons prouvé combien cette phrase est erronée, en même temps que nous nous sommes sentis heureux d'avoir à rendre hommage à la bonne foi surprise de l'éminent officier que nous citons, et M. Bourgois qui *le premier*, nous le croyons, a soumis au calcul la recherche de l'influence des évidements dont nous avons dû parler si souvent, qui *le premier* a apprécié et presque évalué leur importance, M. Bourgois regrettera, nous en sommes convaincus, d'avoir involontairement déprécié l'œuvre d'Ericsson, celui qui a mis tout d'abord en pratique, et *le premier*, l'idée de n'employer en surface propulsive qu'une fraction de l'hélice entière, en disposant les fragments de la surface employée de manière à laisser séparés par des vides les éléments héliçoïdaux de son propulseur.

M. Bourgois ajoutait :

« S'il est vrai qu'Ericsson a pu s'aider des vues du capitaine Delisle, on ne peut nier « cependant qu'il n'en ait tiré un admirable parti. »

Non, mille fois non! Ericsson n'a pu connaître le travail de Delisle, car vous, monsieur Bourgois, vous libre de puiser à la source, vous ne l'avez pas connu. Permettez-nous donc de substituer une valeur absolue au lieu et place de la valeur relative de votre éloge, dont nous vous remercions d'ailleurs du fond de l'âme.

Il ajoute encore :

« LUI SEUL (ERICSSON) A COMPRIS D'ABORD TOUS LES PERFECTIONNEMENTS, TOUTES LES « AMÉLIORATIONS DONT LA VIS ÉTAIT SUSCEPTIBLE. »

Merci, merci mille fois, monsieur Bourgois, car ce jugement pèsera dans le plateau de la balance, et nous osons le recommander à l'attention de nos juges.

M. Bourgois dit encore, page 65 :

« Ce succès remarquable * a enfin ouvert les yeux des mécaniciens anglais, et dans « une séance de la Société des ingénieurs civils, tenue à Londres en février 1844, « M. Grantham a préconisé la suppression des engrenages, l'augmentation de la lon-« gueur du pas, et A CITÉ LA VIS D'ERICSSON COMME LA PLUS PERFECTIONNÉE QUI EXISTAT « JUSQU'A PRÉSENT. »

Pardonnez-nous, Messieurs, d'avoir osé ainsi vous adjoindre M. Bourgois en quatrième expert, car nous avons la confiance que cette adjonction momentanée vous honore mutuellement.

Terminons enfin ces citations, en empruntant à la page 67 du Mémoire de M. Bourgois, la phrase suivante :

* Celui de la corvette à vapeur le *Princeton*, la même dont le propulseur fut si judicieusement emprunté ou dérobé, *ad libitum*, pour le *Great-Britain*, ainsi que nous l'avons dit ailleurs.

« De nombreux essais sur la propulsion par la vis avaient été tentés déjà, lorsque « M. Smith réussit, en 1839, à utiliser ce système à bord de *l'Archimède*, en employant « un pas de vis complet et en une seule pièce; mais bientôt il dut songer à fractionner « le propulseur, et *alors des accusations de plagiat furent dirigées contre lui*, en Angle- « terre, *par M. Lowe.* »

Or M. Lowe avait pris, en 1838, une patente pour un propulseur, qui est presque identique avec celui d'Ericsson, patenté en 1836, ceci pour mémoire seulement.

Mais il est temps, Messieurs, de terminer une discussion dont nous regretterions l'étendue, beaucoup trop grande, si nous n'avions pas dans votre haute bienveillance et dans votre désir d'être éclairés une confiance aussi entière.

§ VI. Résumé et Conclusions.

Nous nous proposons, dans cette dernière partie, de résumer la discussion, afin de mettre en évidence l'étendue du privilége que nous croyons acquis à nos brevets et fondé sur nos droits, tels qu'ils résultent ensemble et solidairement, soit des termes eux-mêmes de nos spécifications, soit des dessins annexés.

Nous essaierons de rassembler les preuves qui établissent le peu de fondement des moyens de nullité et de déchéance invoqués par les prévenus de contrefaçon.

Nous terminerons en demandant acte à Messieurs les experts de tous les points qu'il nous aura paru utile et équitable de considérer comme acquis au débat.

Dans la première partie, nous pensons avoir établi ce qui suit :

I. Relativement au brevet principal demandé par M. Guébhard, le 22 novembre 1837 :

De l'examen attentif de ce brevet d'importation et de perfectionnement, considéré dans son ensemble et conjointement aux figures annexées, lesquelles ne sauraient, sans injustice, être disjointes, attendu que texte et figures doivent se corroborer, et, au besoin, s'interpréter l'un par l'autre, en tant que ce mode de procéder n'aura rien de contradictoire, il résulte :

1° Que la roue propellatrice de Guébhard consiste essentiellement en un nombre indéterminé de fractions d'une surface héliçoïde, totalement ou partiellement immergées, disposées régulièrement et symétriquement autour et à distance d'un centre commun, de manière à laisser entre deux fractions consécutives un certain évidement, auquel on ne saurait concevoir d'autre but sinon de laisser à l'eau, après qu'elle a reçu l'action des fragments héliçoïdes propulseurs, un libre écoulement, afin de réduire, autant que possible, les tourbillonnements du liquide à l'avant du propulseur;

2° Que, dans le but de conserver libre de tout obstacle, autant que faire se pourra, la partie centrale du propulseur entre l'axe ou moyeu, et le cercle qui limite intérieurement les fragments héliçoïdes ou aubes propellatrices, la solidarité et la liaison soit des divers éléments de propulsion entre eux, soit de ces éléments avec le moyeu, est établie, savoir : entre les premiers, au moyen d'un cercle en fer aussi léger que possible ; entre ces éléments et le moyeu, par un nombre indéterminé de bras héliçoïdaux, chacun de ces bras pouvant être considéré comme un fragment de la surface héliçoïdale, dont chaque aube propellatrice est elle-même une autre fraction ;

3° Qu'évidemment le cercle en fer ne saurait, en dehors du but de liaison déjà indiqué, avoir d'utilité, si ce n'est celle de rendre facultatif le nombre employé des fragments héliçoïdes ou aubes propellatrices ; que conséquemment donc et attendu que le nombre des aubes et celui des bras a été laissé, à dessein, indéterminé dans le brevet Guébhard, il a été et sera toujours loisible au breveté de supprimer ledit cercle, le nombre des bras devenant alors, et forcément, égal à celui des aubes ; le breveté restant libre, dans ce cas, de croire compensées les pertes de travail de frottement dues à l'augmentation du nombre des bras, par la suppression du frottement inhérent à l'emploi du cercle.

II. Relativement au brevet de perfectionnement et d'addition demandé par Guébhard, le 25 novembre 1839 :

1° Le perfectionnement consiste dans l'emploi d'un faux étambot, qui permet de placer le gouvernail à l'arrière du propulseur ;

2° Dans le texte de la spécification, non moins que dans les figures annexées, tout se réunit pour établir surabondamment, sans contradiction ni ambiguité, que le breveté entend conserver sans altération et dans toute leur étendue, ensemble ou séparément, chacun des points réclamés dans le brevet principal.

III. Relativement au certificat demandé par Guébhard, le 19 août 1845, et attendu que dans les deux brevets précédents, le nombre des bras et des aubes avait été laissé indéterminé, il ressort de l'examen de ce troisième titre que tous les points réclamés à nouveau par le breveté sont en dehors de la plainte en contrefaçon contre MM. Schneider, sans que d'ailleurs il puisse être articulé qu'aucun des droits, principes ou dispositions réservés antérieurement, soit et demeure abandonné ; le breveté, au contraire, faisant remarquer que toutes les modifications indiquées sont et demeurent facultatives.

Toutes choses que nous demandons à Messieurs les experts de vouloir bien dire et décider, les priant en outre de considérer les trois brevets dans leur ensemble, et après avoir constaté que le propulseur breveté est placé à l'arrière du navire, tout à fait dessous l'eau, son axe ou arbre traversant l'étambot muni en ce point d'une boîte à étoupes, sans préjudice et, au contraire, sous réserve expresse de tous les autres points réclamés par le breveté, déclarer en outre :

Que les deux premiers brevets Guébhard, si l'on envisage ensemble leurs titres, texte et figures, forment un tout suffisamment clair, explicite et intelligible, sans ambiguité, contradiction ou recel; qu'ils offrent, au contraire, tous les caractères voulus pour que l'appareil breveté pût être reproduit dès le 27 novembre 1837 pour le premier brevet, et dès le 25 novembre 1839 pour le second, c'est-à-dire longtemps avant qu'aucun propulseur héliçoïde et sous-marin eût été construit et appliqué en France.

Que le principe de l'évidement entre deux aubes consécutives forme partie intégrante et constitutive du propulseur Guébhard, attendu que ce dernier ne saurait, sans faillir aux conditions de ses brevets, et notamment, sans dénaturer le caractère qui ressort de leurs figures, construire un propulseur dont la projection perpendiculaire à l'axe présenterait à l'œil un disque annulaire non évidé.

Dans la deuxième partie, nous avons comparé nos brevets à la patente d'Ericsson, *notre auteur*, et Messieurs les experts voudront bien dire et remarquer que les perfectionnements que nous réclamons par le titre même de notre brevet principal consistent :

1° Dans l'application de notre brevet à une roue propellatrice;

2° Dans la réserve implicite et explicite par nous faite, de varier à volonté et selon les besoins de l'application, soit l'angle de la surface héliçoïdale avec son axe, soit le nombre des fractions propellatrices employées;

3° Dans l'obligation que nous nous sommes implicitement et explicitement imposée de conserver le *facies* des deux seules figures de la patente d'Ericsson que nous avons voulu lui emprunter, c'est-à-dire celles qui montrent les évidements successifs dont il a été parlé déjà et lesquels impliquent l'emploi d'une quantité totale de surface de propulsion moindre que celle qui correspond à un pas entier de l'hélice.

Nous prierons en outre Messieurs les experts de dire et constater :

Que le principe de ces évidements entre les aubes successives, aussi bien que le fractionnement de la surface héliçoïde propellatrice, et l'évidement central qui résulte soit de l'emploi du cercle, soit de l'emploi des bras héliçoïdaux, ensemble ou séparément, paraît tout à fait nouveau sous le double rapport soit de l'application, soit de l'invention, et avoir été inventé par Ericsson en Angleterre, importé en France par Guébhard, sans que MM. Schneider et comp^{e} aient pu indiquer aucunes autres circonstances de l'emploi antérieur de ces principes et dispositions.

Que l'application de ces principes nouveaux est ce qui distingue essentiellement le propulseur d'Ericsson et de Guébhard de toutes les inventions, descriptions ou applications précédentes de la propulsion héliçoïdale.

Après avoir développé des considérations qui laissent entrevoir toutes les difficultés, toute la délicatesse du problème de la propulsion héliçoïdale, et desquelles il résulte que les modifications, même légères en apparence, pouvant exercer une influence considérable sur le résultat obtenu, on doit conséquemment respect et protection à ceux qui ont trouvé des dispositions nouvelles et efficaces, nous avons, dans la troisième partie, successivement analysé et critiqué les divers propulseurs ou seulement proposés, ou bien à la fois proposés et essayés, qui nous ont été objectés au débat.

Relativement aux brevets Dallery et Salichon, et sans nous préoccuper de leur valeur comme moyens de propulsion, nous avons demandé qu'il ne fût pas permis à nos adversaires d'opposer à l'ensemble combiné de notre propulseur en lui-même, de sa position par rapport au navire et à la flottaison, la position plus ou moins analogue de tout autre appareil différent du nôtre, et nous prions instamment Messieurs les experts de dire et décider, en sanctionnant les principes par nous posés, dans l'espèce :

1° Qu'en toute question industrielle, et principalement dans la question de propulsion héliçoïdale, où rien ne saurait être de légère conséquence, où les avantages de telle ou telle autre disposition, plus ou moins analogue, peuvent être paralysés par telle ou telle autre, même alors qu'elle apparaîtrait légèrement dissemblable, on ne saurait admettre cette prétention de dépouiller l'inventeur d'un ou de plusieurs des chefs réclamés par son titre.

2° Que l'invention d'Ericsson, importée par Guébhard, ne consiste pas seulement dans l'emploi du propulseur spécial à cet auteur, mais encore dans l'ensemble des chefs réclamés ou tout au moins de ceux conservés par Guébhard, pour former un tout composé d'une série de dispositions qui, d'ailleurs, n'avaient jamais été *appliquées dans leur ensemble*, ou même seulement indiquées et décrites avant l'invention du capitaine Ericsson et son importation en France par Guébhard.

En ce qui touche la patente Church, après avoir remarqué : 1° l'absence de l'indication de la nature des surfaces du propulseur; 2° le défaut de concordance entre les figures de la patente; 3° la position vicieuse du tambour qui relie les aubes, nous avons constaté le silence gardé par l'inventeur sur l'emplacement à donner à son propulseur, soit par rapport à la flottaison, soit par rapport au navire qu'il devrait propulser. Donc, par ces raisons et toutes autres qui nous auraient échappé, Messieurs les experts voudront déclarer : que la patente Church, par des motifs complexes, soit de dissemblance, soit d'insuffisance, ne saurait nous être sérieusement opposée.

Nous avons fait voir ensuite comment le fermier Smith, après avoir fait patenter un propulseur *à vis pleine*, composé d'un ou de plusieurs filets, chacun d'eux formant deux tours entiers, a successivement modifié son propulseur, sans autre guide que des expériences de tâtonnement, jusqu'au jour où les diminutions successives de longueur, combinées avec l'augmentation du nombre de filets enroulés sur le même axe, l'ont forcément et aveuglément conduit à l'hélice du *Great-Britain*, c'est-à-dire à une contrefaçon flagrante, selon nous, de notre propulseur.

Par contre, nous avons montré comment Ericsson et Guébhard, après avoir touché barre d'un premier bond, sont restés fermement et invariablement fidèles aux principes de leurs premiers essais.

Nous avons examiné ensuite, comment quelques-uns des propulseurs essayés, en partant du principe de la patente Smith, sont aussi et de la même façon arrivés forcément et aveuglément, jusqu'à la contrefaçon flagrante de notre propulseur d'abord, alors qu'en même temps ils nous dérobaient la position par nous réclamée pour ce même appareil.

Qu'il nous soit permis de demander à Messieurs les experts de sanctionner l'espèce de procès-verbal que nous avons dû dresser de cette marche *lente et graduée* qui a progressé sans cesse et fini par aboutir presque fatalement au but touché dès le premier jour par Ericsson.

Messieurs les experts daigneront remarquer aussi et constater que Guébhard, de 1837 à 1845, conservateur fidèle et constant des principes de son auteur, a su néanmoins modifier sans les affaiblir ni les dénaturer, en procédant à des améliorations de détail, qui toutes témoignent de ses incessantes recherches, de ses efforts toujours heureux.

Relativement au reproche fait à Guébhard d'avoir supprimé une figure de la patente Ericsson, et aux conséquences erronées que nos adversaires ont voulu faire jaillir de cette suppression, pour arguer contre nous de *recel*, Messieurs les experts accueilleront la démonstration donnée par nous à ce sujet, dans la première partie. Acceptant les motifs qui ont déterminé cette suppression, ils diront avec nous, qu'elle a eu pour résultat de nous laisser maîtres de varier l'angle et le nombre des aubes propellatrices; ils déclareront au contraire qu'en ce fait il y a, non-seulement absence de recel, mais encore intention de perfectionnement.

Touchant le propulseur héliçoïde et sous-marin, proposé en 1823 par le capitaine Delisle, Messieurs les experts voudront bien reconnaître et constater :

Que s'il est incontestable que M. Delisle a entrevu les avantages inhérents au fractionnement de l'héliçoide et à l'évidement central du propulseur, il n'est pas moins incontestable :

1° Que le propulseur Delisle était armé d'un système de pièces de fer arc-boutées, ledit système éminemment vicieux;

2° *Que Delisle n'avait pas soupçonné l'importance de l'emploi d'une portion seulement du pas total*, c'est-à-dire *celle des évidements laissés entre deux aubes consécutives;*

3° Que l'ensemble des quatre propulseurs Delisle, appliqués aux flancs d'un navire, en le supposant praticable (ce qui est au moins douteux), n'avait rien de commun avec notre propulseur unique et situé à l'arrière, et en outre dévait former un tout relativement très-défectueux; que d'ailleurs le système proposé par M. Delisle n'a donné lieu à aucun essai.

Que par ces causes et toutes autres qui nous ayant échappé, seraient visées par Messieurs les experts, *le propulseur Ericsson dans son ensemble, et dans ses détails, reste essentiellement différent et très-certainement supérieur à celui proposé par Delisle en* 1823.

Enfin, et attendu que le Mémoire Delisle n'a pas reçu une publicité suffisante, d'une part; que, d'autre part, il semble matériellement impossible que le capitaine Ericsson ait pu avoir connaissance, en 1836, d'un mémoire révélé seulement en 1842, par des écrivains qui ont dû en parler sans le bien connaître, puisqu'ils ont évidemment publié, comme représentation du propulseur Delisle, une figure qui n'existe pas dans le Mémoire Delisle, et qui, en outre, ne saurait donner de ce propulseur une idée quelque peu exacte, vous direz et déciderez, Messieurs, que *la patente Ericsson et les brevets Guébhard conservent leurs droits bien et dûment acquis*, 1° *au fractionnement de la surface héliçoïde*, 2° *à l'évidement central.*

Quant à l'argument tiré de la publication faite par le *Mechanic's Magazine*, le 3 juin 1839, vous adopterez nos motifs, notre démonstration, et nous appliquant au surplus le bénéfice de la loi de 1791, qui régit notre brevet principal, vous direz que cette publication insuffisante, est nulle et de nul effet par rapport à la valeur de nos brevets.

La quatrième partie de notre travail, celle que nous avons voulu faire synoptique, afin de vous montrer comment Ericsson a été, dès l'origine, l'expression la plus avancée, la plus complète, la plus rationnelle de la solution cherchée, vous conduira à déclarer: qu'Ericsson, en sachant éviter les écarts de ses devanciers, et éliminer à priori toutes les parties défectueuses des appareils tentés avant lui, en installant dans des conditions si parfaites, dès le début, son propulseur, invariable dans son principe, dans son essence, a fait une œuvre grande et utile; que Guébhard, en introduisant cette œuvre en France et l'améliorant successivement, a rendu service à son pays qui lui doit aide et protection en retour.

Mais il est temps, Messieurs, de consacrer quelques lignes au *Comte d'Eu*, cette cause d'un débat que nous regrettons profondément de n'avoir pas su abréger. Ce n'est pas, en effet, une des circonstances les moins singulières et les moins probantes que de voir comment nous avons pu arriver au but, sans prononcer plus d'une fois ou deux le nom du navire dont le propulseur a été par nous argué de contrefaçon. Quoi qu'il en soit, les ateliers du Creusot ont construit et monté, en 1847, les machines et le propulseur d'un yacht qui jadis baptisé sous le nom de *Comte d'Eu*, s'appelle aujourd'hui *le Patriote*. Or, ce navire dont l'enfantement fut soumis à des longueurs qui importent peu au débat actuel, devant recevoir un propulseur héliçoïdal, fut jadis l'occasion de quelques pourparlers entre le très-regrettable M. Adolphe Schneider et M. le comte de Rosen. Ici, Messieurs, nous voulons vous demander de faire appel à vos souvenirs, car nous aurons à vous prier de nous donner acte de la déclaration suivante faite devant vous, dans la séance d'expertise du 11 février dernier, par M. Eugène Schneider. Sur l'observation par nous faite alors, que dès la fin de 1843, M. A. Schneider, assisté de M. Mathieu, l'un des ingénieurs du Creusot, avait eu avec M. le comte de Rosen plusieurs conférences, dans lesquelles il fut donné connaissance à ces Messieurs du propulseur Ericsson, importé en France par M. Guéhbard, M. E. Schneider s'exprima à peu près en ces termes :

« J'ai, en effet, quelque souvenir que mon frère m'a entretenu dans le temps du « propulseur de M. Ericsson. J'ai compris alors, que l'invention Ericsson consistait à « transporter au dehors d'un cercle des palettes héliçoïdes, dans le but d'éviter le grand « nombre de tours qu'autrement il faudrait faire faire à une roue (hélice), pour ob- « tenir un résultat donné. J'ai cru aussi comprendre alors, que les bras ou partie de « la roue Ericsson n'avaient d'autre but que de relier le cercle à l'axe, et qu'ils n'étaient « construits en fraction d'hélice, qu'afin de passer plus facilement à travers l'eau. « Mon frère m'a raconté, en effet, que M. de Rosen l'avait engagé à employer cet « appareil, de préférence à tout autre, pour éviter l'inconvénient d'avoir à faire tourner « trop rapidement le propulseur; mais comme M. le comte de Rosen réclamait un « droit de licence assez élevé, on préféra adopter *une hélice sans tambour*, pour éviter « de payer la licence. »

Sans vouloir argumenter de cette déclaration, et sans penser qu'il faille discuter plus au long la parenté de l'hélice du *Comte d'Eu* avec le propulseur Ericsson, après tout ce qui a été dit, et surtout en présence de l'arbre généalogique que nous avons dressé, nous nous bornerons à vous demander, Messieurs, de vouloir dire et déclarer : quant à l'hélice appliquée par MM. *Schneider et Cᵉ* au navire *le Comte d'Eu*, aujourd'hui *le Patriote:*

Attendu qu'elle consiste en quatre bras héliçoïdes, laissant entre eux des évidements;

Qu'elle n'offre d'autres différences avec la roue héliçoïde d'Ericsson que la suppression du cercle et quelques modifications légères, sans importance, d'ailleurs, dans la forme des bras;

Attendu, en outre, que, pour l'installation de cette roue héliçoïde, il a été fait usage du placement de la roue à l'arrière de l'étambot du navire;

Que cette roue est supportée par un axe qui, passant à travers l'étambot, muni en ce point d'un stuffing-box, va s'appuyer sur un faux étambot auquel est attaché le gouvernail, toutes dispositions qui, ensemble, appartiennent au brevet Guébhard;

Vous voudrez bien dire et décider, Messieurs, qu'il y a contrefaçon des brevets de Guébhard, par le fait de MM. Schneider et Cᵉ, dans l'application au yacht de la marine nationale, *le Patriote*, d'une hélice à quatre branches avec évidements, ainsi que dans le mode d'installation de cette hélice.

En outre, Messieurs, nous espérons que vous voudrez bien nous donner acte :

1° De la remise en vos mains du jugement du 23 novembre 1847, qui vous nomme experts dans l'affaire entre MM. Guébhard et Schneider, relative à la contrefaçon de la roue héliçoïde d'Ericsson, importée en France et perfectionnée par Guébhard, par celle adaptée au *Comte d'Eu* (aujourd'hui *le Patriote*);

2° De la remise, également faite en vos mains, par Guébhard, d'un refus motivé du président du tribunal de première instance du Hâvre, de laisser constater la contrefaçon à bord du navire *le Comte d'Eu*.

3° De la représentation faite par MM. Schneider et Ce d'un modèle d'hélice conforme à celle appliquée au navire *le Comte d'Eu*, et du dépôt fait par ces Messieurs, en vos mains, des plans relatifs à cette hélice, à son installation et aux machines motrices, M. Guébhard acceptant lesdits modèle et plans comme représentants exacts de l'hélice à quatre bras, installée à bord du *Comte d'Eu* ou *Patriote*, arguée de contrefaçon, et demandant que les plans fournis soient contre-signés par Messieurs les experts et les parties, « *ne varietur.* »

Parvenu au terme de ce travail, qu'il nous soit permis, Messieurs, de vous demander pour lui cette attention soutenue et bienveillante, cette indulgence, enfin, dont vous avez daigné nous honorer pendant le débat oral, et que nous serons heureux de compter toujours au rang de nos bons souvenirs.

Paris, le 12 août 1848.

A. FAURE,
Ingénieur civil,
22, rue de Grenelle-Saint-Germain.

www.ingramcontent.com/pod-product-compliance
Ingram Content Group UK Ltd.
Pitfield, Milton Keynes, MK11 3LW, UK
UKHW020213200726
13856UKWH00004B/1367